ORIGO STEPPING STONES 2.0

EN ESPAÑOL

PROGRAMA INTEGRAL DE MATEMÁTICAS

AUTORES

James Burnett
Calvin Irons
Peter Stowasser
Allan Turton

CONSULTORES DEL PROGRAMA

Diana Lambdin
Frank Lester, Jr.
Kit Norris

ESCRITOR CONTRIBUYENTE

Beth Lewis

TRADUCTOR

Delia Varela

LIBRO DEL ESTUDIANTE A

ORIGO EDUCATION

INTRODUCCIÓN

LIBRO DEL ESTUDIANTE DE ORIGO *STEPPING STONES 2.0*

ORIGO Stepping Stones 2.0 es un programa integral de matemáticas de nivel mundial, el cual ha sido desarrollado por un equipo de expertos con el fin de proveer un método equilibrado de enseñar y aprender matemáticas. El Libro del estudiante consiste de dos partes: Libro A y Libro B. El Libro A consta de los módulos 1 al 6, y el Libro B de los módulos 7 al 12. Cada libro contiene lecciones y páginas de práctica, una tabla de contenidos completa, un glosario para estudiante y un índice para el profesor.

PÁGINAS DE LECCIONES

Hay dos páginas por cada 12 lecciones en cada módulo. Esta muestra indica los componentes principales.

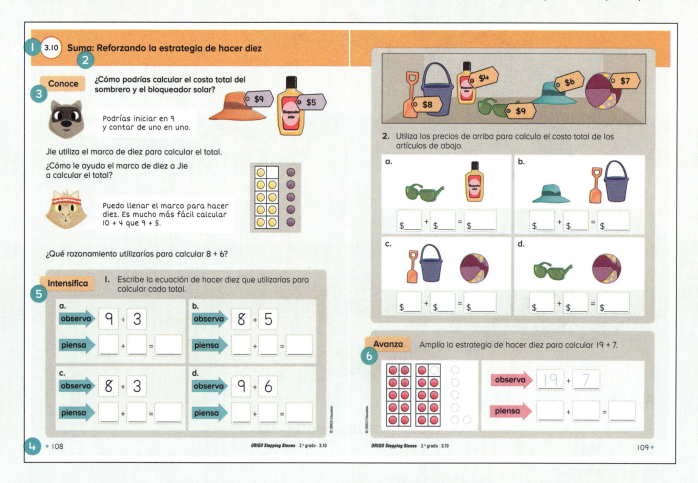

1. Número de módulo y lección.

2. El título de la lección indica el contenido de la lección. Éste tiene dos partes: el tallo (o gran idea) y la hoja (la cual da más detalles).

3. La sección Conoce está diseñada para generar diálogo en la clase. Las preguntas abiertas se plantean para hacer que los estudiantes razonen acerca de métodos y respuestas diferentes.

4. En 2.º grado, el Libro A indica un diamante verde azulado junto a cada número de página, y las referencias en el índice están en verde azulado. El Libro B indica un diamante morado y las referencias en el índice están en morado.

5. La sección Intensifica provee trabajo escrito apropiado para el estudiante.

6. La sección Avanza da un giro a cada lección con el fin de desarrollar habilidades de pensamiento más avanzadas.

INTRODUCCIÓN

PÁGINAS DE PRÁCTICA

Cada una de las lecciones 2, 4, 6, 8, 10 y 12 proporciona dos páginas de refuerzo de conceptos y destrezas. Estas muestras indican los componentes principales.

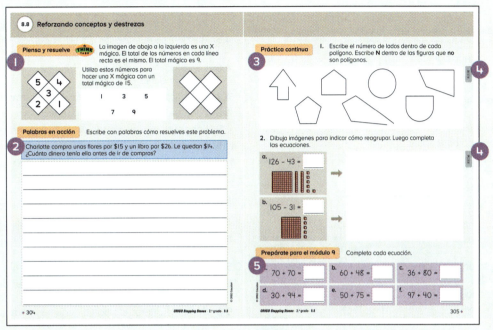

1. *ORIGO Think Tanks* es una manera muy popular entre los estudiantes de practicar la resolución de problemas. Hay tres problemas *Think Tank* en cada módulo.

2. El desarrollo del lenguaje escrito es esencial. Estas actividades intentan ayudar a los estudiantes a desarrollar su vocabulario académico y proveen oportunidades para que los estudiantes escriban su razonamiento.

3. La sección Práctica continua repasa contenidos aprendidos previamente. La pregunta 1 siempre repasa el contenido aprendido en el módulo previo, y la pregunta 2 repasa el contenido del mismo módulo.

4. Esta pestaña indica la lección de origen.

5. Cada página del lado derecho proporciona contenido que prepara a los estudiantes para el módulo siguiente.

6. La práctica escrita constante de las estrategias mentales es esencial. En cada módulo hay tres páginas con prácticas de cálculo matemático que se enfocan en estrategias específicas.

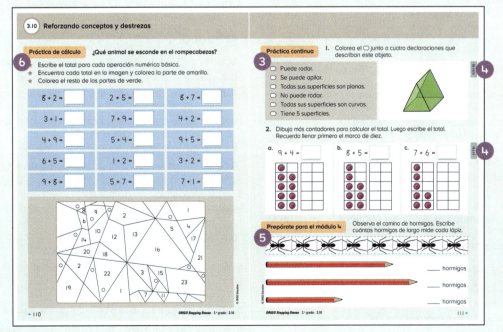

ORIGO Stepping Stones • 2.º grado

CONTENIDOS

LIBRO A

MÓDULO 1

1.1	Número: Leyendo y escribiendo números de dos dígitos	6
1.2	Número: Escribiendo números de dos dígitos y nombres de números	8
1.3	Número: Comparando y ordenando números de dos dígitos	12
1.4	Número: Explorando las propiedades de los números pares e impares	14
1.5	Número: Trabajando con centenas	18
1.6	Número: Leyendo y escribiendo números de tres dígitos	20
1.7	Número: Escribiendo nombres de números de tres dígitos	24
1.8	Número: Escribiendo números de tres dígitos	26
1.9	Suma: Repasando conceptos	30
1.10	Suma: Repasando la estrategia de contar hacia delante	32
1.11	Suma: Reforzando la estrategia de contar hacia delante	36
1.12	Suma: Utilizando la propiedad conmutativa (operaciones básicas de contar hacia delante)	38

MÓDULO 2

2.1	Número: Explorando la posición en una cinta numerada	44
2.2	Número: Introduciendo las rectas numéricas y representando números como longitudes desde cero	46
2.3	Número: Explorando la posición en una recta numérica	50
2.4	Número: Identificando múltiplos de diez cercanos en una recta numérica	52
2.5	Número: Comparando números de dos dígitos en una recta numérica	56
2.6	Número: Introduciendo las rectas numéricas en blanco	58
2.7	Hora: Repasando la hora en punto	62
2.8	Hora: Repasando la media hora después de la hora	64
2.9	Hora: Reforzando la hora y la media hora después de la hora	68
2.10	Suma: Repasando la estrategia de dobles	70
2.11	Suma: Reforzando la estrategia de dobles	74
2.12	Suma: Reforzando estrategias (contar hacia delante y dobles)	76

MÓDULO 3

3.1	Número: Representando números de tres dígitos (con ceros)	82
3.2	Número: Representando números de tres dígitos (con números con una sola decena y ceros)	84
3.3	Número: Escribiendo números de tres dígitos y nombres de números	88
3.4	Número: Escribiendo números de tres dígitos de manera expandida	90
3.5	Número: Identificando números de tres dígitos en una recta numérica	94
3.6	Número: Comparando números de tres dígitos	96
3.7	Número: Comparando para ordenar números de tres dígitos	100
3.8	Número: Resolviendo acertijos numéricos (números de tres dígitos)	102
3.9	Suma: Repasando la estrategia de hacer diez	106
3.10	Suma: Reforzando la estrategia de hacer diez	108
3.11	Suma: Trabajando con todas las estrategias	112
3.12	Suma: Desarrollando el dominio de las operaciones básicas	114

MÓDULO 4

4.1	Resta: Repasando conceptos	120
4.2	Resta: Repasando la estrategia de contar hacia atrás	122
4.3	Resta: Repasando la estrategia de pensar en suma (operaciones básicas de contar hacia delante)	126
4.4	Resta: Reforzando la estrategia de pensar en suma (operaciones básicas de contar hacia delante)	128
4.5	Resta: Escribiendo familias de operaciones básicas (operaciones básicas de contar hacia delante)	132
4.6	Longitud: Midiendo con unidades no estándares uniformes	134
4.7	Longitud: Introduciendo la pulgada como medida	138
4.8	Longitud: Midiendo en pulgadas	140
4.9	Longitud: Introduciendo el pie como medida	144
4.10	Longitud: Trabajando con pies y pulgadas	146
4.11	Longitud: Introduciendo la yarda como medida	150
4.12	Longitud: Trabajando con unidades tradicionales	152

MÓDULO 5

5.1	Suma: Números de dos dígitos (tabla de cien)	158
5.2	Suma: Conteo salteado de cinco en cinco o de diez en diez (recta numérica)	160
5.3	Suma: Números de dos dígitos (recta numérica)	164
5.4	Suma: Ampliando la estrategia de hacer diez (recta numérica)	166
5.5	Suma: Números de dos dígitos haciendo puente hasta las decenas (recta numérica)	170
5.6	Suma: Números de dos dígitos haciendo puente hasta las centenas (recta numérica)	172
5.7	Suma: Números de dos dígitos (recta numérica en blanco)	176
5.8	Resta: Repasando la estrategia de pensar en suma (operaciones básicas de dobles)	178
5.9	Resta: Reforzando la estrategia de pensar en suma (operaciones básicas de dobles)	182
5.10	Resta: Repasando la estrategia de pensar en suma (operaciones básicas de hacer diez)	184
5.11	Resta: Reforzando la estrategia de pensar en suma (operaciones básicas de hacer diez)	188
5.12	Resta: Escribiendo familias de operaciones básicas (dobles y hacer diez)	190

MÓDULO 6

6.1	Suma: Números de dos dígitos (bloques base 10)	196
6.2	Suma: Ampliando la estrategia de dobles	198
6.3	Suma: Repasando los números de dos dígitos (composición de decenas)	202
6.4	Suma: Reforzando los números de dos dígitos (composición de decenas)	204
6.5	Suma: Estimando para resolver problemas	208
6.6	Suma: Utilizando la propiedad asociativa	210
6.7	Suma: Múltiplos de diez y números de dos dígitos (composición de centenas)	214
6.8	Suma: Números de dos dígitos (composición de centenas)	216
6.9	Suma: Números de dos dígitos (composición de decenas y centenas)	220
6.10	Datos: Introduciendo los pictogramas	222
6.11	Datos: Introduciendo las gráficas de barras horizontales	226
6.12	Datos: Introduciendo las gráficas de barras verticales	228

GLOSARIO DEL ESTUDIANTE E ÍNDICE DEL PROFESOR 234

CONTENIDOS

LIBRO B

MÓDULO 7

7.1	Resta: Repasando los números de dos dígitos (tabla de cien)	244
7.2	Resta: Reforzando los números de dos dígitos (recta numérica)	246
7.3	Resta: Números de un dígito de números de dos dígitos haciendo puente hasta la decena (recta numérica)	250
7.4	Resta: Contando hacia atrás para restar números de dos dígitos haciendo puente hasta la decena (recta numérica)	252
7.5	Resta: Contando hacia delante para restar números de dos dígitos haciendo puente hasta la decena (recta numérica)	256
7.6	Resta: Reforzando la estrategia de contar hacia delante haciendo puente hasta la decena	258
7.7	Resta: Números de dos dígitos de números de tres dígitos (haciendo puente hasta 100)	262
7.8	Resta: Resolviendo problemas verbales	264
7.9	Figuras 2D: Identificando polígonos	268
7.10	Figuras 2D: Identificando cuadriláteros	270
7.11	Figuras 2D: Trabajando con polígonos	274
7.12	Figuras 2D: Dibujando polígonos	276

MÓDULO 8

8.1	Resta: Componiendo y descomponiendo números de dos dígitos	282
8.2	Resta: Números de dos dígitos (bloques base 10)	284
8.3	Resta: Números de dos dígitos (descomposición de decenas)	288
8.4	Resta: Reforzando los números de dos dígitos (descomposición de decenas)	290
8.5	Resta: Estimando para resolver problemas	294
8.6	Resta: números de dos dígitos de números de tres dígitos (descomponiendo decenas)	296
8.7	Resta: Números de dos dígitos múltiplos de diez de números de tres dígitos (descomposición de centenas)	300
8.8	Resta: Números de dos dígitos de números de tres dígitos (descomposición de centenas)	302
8.9	Hora: Identificando intervalos de cinco minutos	306
8.10	Hora: Trabajando con intervalos de cinco minutos	308
8.11	Hora: Introduciendo un cuarto después de la hora	312
8.12	Hora: Identificando y anotando la hora utilizando a.m. y p.m.	314

MÓDULO 9

9.1	Suma: Ampliando la estrategia de contar hacia delante hasta números de tres dígitos	320
9.2	Suma: Números de dos y tres dígitos	322
9.3	Suma: Números de tres dígitos	326
9.4	Suma: Composición de números de tres dígitos	328
9.5	Suma: Números de uno y tres dígitos (composición de decenas)	332
9.6	Suma: Números de dos y tres dígitos (composición de decenas y centenas)	334
9.7	Suma: Números de tres dígitos (composición de decenas y centenas)	338
9.8	Suma: Reforzando los números de tres dígitos	340
9.9	Longitud: Introduciendo los centímetros	344
9.10	Longitud: Trabajando con centímetros	346
9.11	Longitud: Introduciendo los metros	350
9.12	Longitud/datos: Utilizando las gráficas de puntos para registrar longitud	352

MÓDULO 10

10.1	Resta: Números de dos dígitos múltiplos de diez de números de tres dígitos (recta numérica)	358
10.2	Resta: Números de dos dígitos de números de tres dígitos más allá del 200	360
10.3	Resta: Números de tres dígitos	364
10.4	Resta: Reforzando los números de dos y tres dígitos	366
10.5	Resta: Contando hacia delante o hacia atrás con números de tres dígitos	370
10.6	Resta: Descomposición de números de tres dígitos	372
10.7	Resta: Números de un dígito de números de tres dígitos (descomposición de decenas)	376
10.8	Resta: Números de dos dígitos de números de tres dígitos (descomposición de decenas y centenas)	378
10.9	Resta: Reforzando los números de dos dígitos de números de tres dígitos (descomposición de decenas y centenas)	382
10.10	Resta: Números de tres dígitos (descomposición de decenas y centenas)	384
10.11	Resta: Reforzando los números de tres dígitos (descomposición de decenas y centenas)	388
10.12	Resta: Reforzando los números de dos y tres dígitos (descomposición de decenas y centenas)	390

MÓDULO 11

11.1	Multiplicación: Sumando saltos de dos en dos y de cinco en cinco	396
11.2	Multiplicación: Describiendo grupos iguales	398
11.3	Multiplicación: Sumando grupos iguales	402
11.4	Multiplicación: Describiendo matrices	404
11.5	Multiplicación: Sumando filas iguales	408
11.6	Objetos 3D: Identificando poliedros	410
11.7	Objetos 3D: Identificando pirámides	414
11.8	Objetos 3D: Analizando atributos	416
11.9	Objetos 3D: Dibujando prismas	420
11.10	Dinero: Identificando cantidades de dinero	422
11.11	Dinero: Trabajando con dólares y centavos	426
11.12	Dinero: Resolviendo problemas verbales	428

MÓDULO 12

12.1	División: Desarrollando el lenguaje (repartición)	434
12.2	División: Desarrollando el lenguaje (agrupación)	436
12.3	Fracciones comunes: Identificando un medio, un cuarto y un tercio	440
12.4	Fracciones comunes: Trabajando con partes de un entero (tamaño igual)	442
12.5	Fracciones comunes: Indicando la misma fracción con enteros de tamaño diferente	446
12.6	Fracciones comunes: Representando la misma fracción de maneras diferentes	448
12.7	Área: Contando unidades cuadradas	452
12.8	Área: Dibujando unidades cuadradas para determinar el área	454
12.9	Masa: Introduciendo las libras	458
12.10	Masa: Introduciendo los kilogramos	460
12.11	Capacidad: introduciendo las tazas, las pintas y los cuartos de galón	464
12.12	Capacidad: Introduciendo los litros	466

GLOSARIO DEL ESTUDIANTE E ÍNDICE DEL PROFESOR — 474

1.1 Número: Leyendo y escribiendo números de dos dígitos

Conoce Observa estos nombres de números.

| setenta y dos | diecisiete | setenta |

¿Cómo indicarías los números en estos expansores?

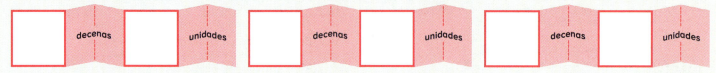

¿Qué notas cuando lees y dices estos números?

¿Siempre dices el número de decenas primero?

Dieci viene de la palabra *diez*, entonces **dieci**siete significa diez y siete más.

¿Cuáles son otros números en los que dices el número de decenas primero?

¿Cuáles son otros números en los que **no** dices el número de decenas primero?

Intensifica

1. Lee el nombre del número. Escribe el número con y sin el expansor.

a. sesenta y tres

b. ochenta y cuatro

c. noventa y dos

d. cincuenta y seis

e. veintiocho

f. treinta y dos

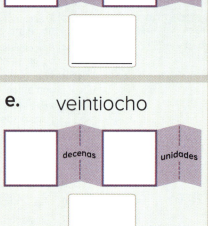

2. Escribe el número con y sin el expansor.

a. setenta y uno

b. diecinueve
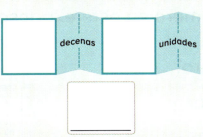

c. setenta y cuatro
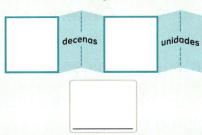

d. cuarenta y uno

e. cuarenta
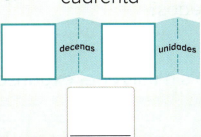

f. catorce
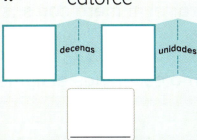

g. dieciséis
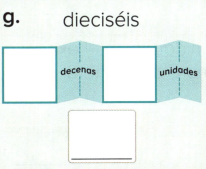

h. sesenta
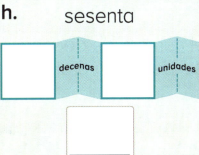

i. sesenta y siete

Avanza Lee las pistas. Escribe el número correspondiente en el expansor.

a. Soy mayor que 60 y menor que 70. Dices mi número cuando comienzas en cinco y cuentas de cinco en cinco.
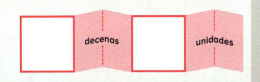

b. Soy menor que 50 y mayor que 30. Dices mi número cuando comienzas en 10 y cuentas de diez en diez.
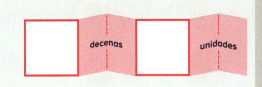

1.2 Número: Escribiendo números de dos dígitos y nombres de números

Conoce Observa el número en este expansor.

¿Cómo lees y dices el número?

Colorea bloques para indicar el mismo número.

¿Cuántas personas se necesitarían para indicar el número con sus dedos?

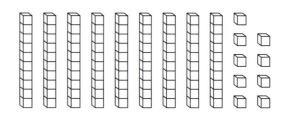

¿Cómo escribirías el número sin utilizar el expansor?

¿Cómo escribirías el nombre del número?   cincuenta y _____

Intensifica

I. Escribe el número de decenas y unidades en el expansor. Luego escribe el numeral y el nombre del número.

a.

cuarenta y _____

b.

veinti _____

c.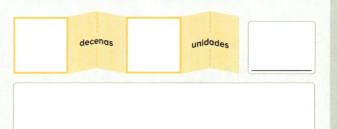

2. Completa estos rompecabezas de mezclar y asociar.

a.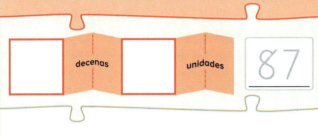

| | decenas | | unidades | 87 |

b.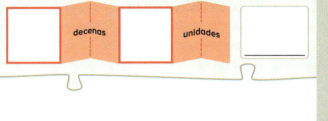

| | decenas | | unidades | |

c.

| | decenas | | unidades | |

d.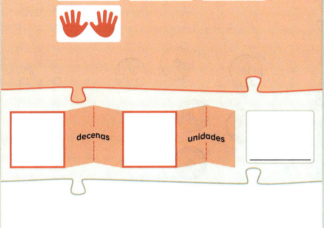

| | decenas | | unidades | |

Avanza   Cuenta el número de bloques de decenas y de unidades.

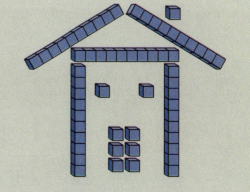

a. Escribe el numeral. _____

b. Escribe el nombre del número.

1.2 Reforzando conceptos y destrezas

Práctica de cálculo ¿Qué tiene una cara y dos manos pero no tiene piernas?

★ Calcula cada una de estas expresiones y traza una línea recta hasta el total correspondiente. Algunos totales se repiten.

★ La línea pasará por un número y una letra. Escribe cada letra arriba del número correspondiente en la parte inferior de la página.

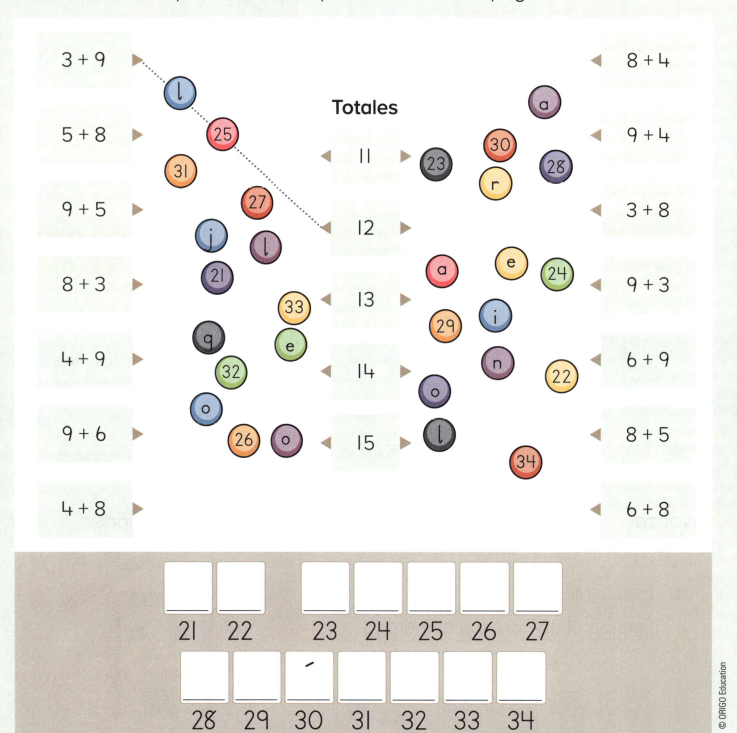

Práctica continua

1. a. Escribe el número que va **justo antes** de cada uno de estos números.

| ____ | 110 | | ____ | 120 | | ____ | 130 |

b. Escribe el número que va **justo después** de cada uno de estos números.

| 105 | ____ | | 115 | ____ | | 125 | ____ |

2. Lee el nombre del número. Escribe el número con y sin el expansor.

a. setenta y dos
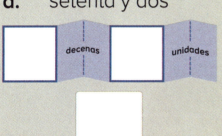

b. cincuenta y ocho
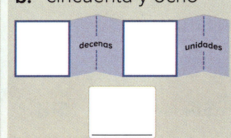

c. ochenta y cinco
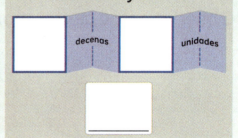

Prepárate para el módulo 2

Escribe los números que faltan en estas partes de una cinta numerada.

a.

b.

c.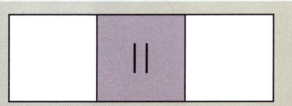

d.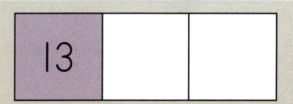

e.

f.

1.3 Número: Comparando y ordenado números de dos dígitos

Conoce

Observa las cantidades en estos monederos.

$51 $26

¿Cuál monedero tiene más dinero? ¿Cómo lo sabes?

Charlotte utiliza estas tablas de valor posicional.

D	U
5	1

D	U
2	6

¿Cuáles dígitos debería comparar ella primero?

¿Qué sucede si los dígitos en la posición de las decenas son iguales?

51 ◯ 26

Escribe >, <, o = para completar esta declaración.

Observa estos cuatro monederos.

$44 $14 $41 $34

¿Cómo calcularías el orden de **menor** a **mayor**?

Intensifica

1. Encierra la tabla de valor posicional que indica el número mayor. Luego escribe >, <, o = para describir cómo se relacionan los números.

a.

b.

c.

d.

2. Esta tabla indica las cantidades recolectadas para la beneficencia por el 1.ᵉʳ y 2.º grado. Utiliza la tabla para responder esta pregunta.

Grado	Semana				
	Uno	Dos	Tres	Cuatro	Cinco
1.ᵉʳ	$63	$58	$39	$45	$53
2.º	$59	$65	$40	$57	$38

a. Escribe las cantidades que son **menores que** $50.

b. Escribe las cantidades recaudadas por el 1.ᵉʳ grado en orden de **mayor** a **menor**.

c. Escribe las cantidades recaudadas por el 2.º grado en orden de **menor** a **mayor**.

3. Escribe **>**, **<**, o **=** para describir cómo se relacionan los números.

a. 82 ◯ 67

b. 42 ◯ 80

c. 18 ◯ 81

d. 39 ◯ 39

e. 92 ◯ 64

f. 15 ◯ 50

Avanza Colorea las tarjetas que indican los números ordenados de **mayor** a **menor**.

| 82, 65, 90, 47 | 50, 47, 39, 6 | 69, 64, 40, 7 |
| 18, 42, 76, 80 | 26, 42, 38, 80 | 82, 82, 19, 25 |

1.4 Número: Explorando las propiedades de los números pares e impares

Conoce Estos tapetes de números han sido clasificados en dos grupos.

¿Cómo describirías la clasificación?

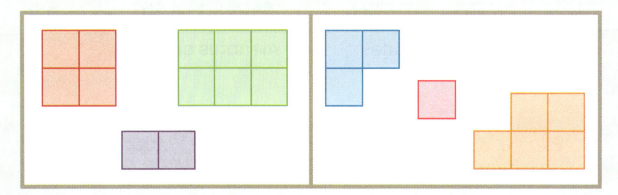

¿Qué tipos de números hay en cada grupo?

¿Cuáles son otros números que podrías indicar en cada grupo? ¿Cómo lo sabes?

Los números **pares** se pueden clasificar en *grupos de dos*, donde cada parte tiene una pareja. En los números **impares** siempre sobra una parte.

Intensifica

1. a. Observa la tabla. Colorea los números pares de rojo. Observa los tapetes de números de arriba como ayuda.

1	2	3	4	5	6
7	8	9	10	11	12
13	14	15	16	17	18
19	20	21	22	23	24
25	26	27	28	29	30

b. Colorea el ◯ junto a cada declaración verdadera.

◯ Solo dices números pares si inicias en 0 y cuentas de dos en dos.

◯ Un número par tiene el dígito 0, 2, 4, 6 u 8 en la posición de las unidades.

◯ Si indicas un número par de objetos en grupos de dos siempre hay un objeto sin pareja.

2. Observa esta tabla.

1	2	3	4	5
6	7	8	9	10
11	12	13	14	15
16	17	18	19	20
21	22	23	24	25
26	27	28	29	30

    a. Colorea los números impares de azul.

    b. Colorea el ○ junto a cada declaración verdadera.

    ○ Solo dices números impares si comienzas en 0 y cuentas de cinco en cinco.

    ○ Un número impar tiene el dígito 1, 3, 5, 7 o 9 en la posición de las unidades.

    ○ Si indicas un número impar de objetos en grupos de dos siempre hay un objeto sin pareja.

3. Escribe todos los números **pares** que están entre el 0 y el 20.

4. Escribe todos los números **impares** que están entre el 0 y el 20.

5. Escribe los dos números **pares** que siguen.

    a. 10 ___ ___
    b. 18 ___ ___
    c. 6 ___ ___

6. Escribe los dos números **impares** que siguen.

    a. 7 ___ ___
    b. 15 ___ ___
    c. 3 ___ ___

Avanza

Imagina que los tapetes de números de la página 14 se unen. Escribe **par** o **impar** para completar cada enunciado.

a. número par + número par = número ___

b. número impar + número impar = número ___

c. número par + número impar = número ___

1.4 Reforzando conceptos y destrezas

Piensa y resuelve Los objetos iguales pesan lo mismo.
Escribe el valor que falta dentro de cada figura.

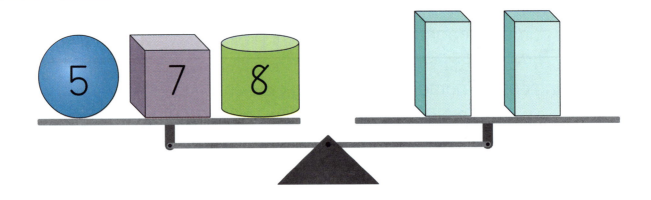

Palabras en acción Elige palabras de la lista para completar estos enunciados. Usa cada palabra solo una vez.

a. _____ es un número par.

b. Trece es un número _____.

c. Doce es _____ que veintiuno.

d. _____ tiene una decena y seis unidades.

e. _____ es _____ que cincuenta y uno.

f. Los números que tienen 0, 2, 4 u 8 en la posición de las unidades son _____.

Lista:
pares
sesenta y uno
impar
dieciséis
sesenta
menor
mayor

Práctica continua

1. Piensa en los números **entre el 1 y el 50**.

   a. Escribe todos los números que tengan un 5 en la posición de las unidades.

   b. Escribe los números que sean **menores en 2** que cada número que escribiste.

2. Esta tabla indica el dinero recaudado para la beneficencia.

Semana	Uno	Dos	Tres	Cuatro	Cinco
Cantidad	$39	$45	$41	$36	$27

   a. Escribe las cantidades que sean **menores que** $40.

   b. Escribe las cantidades en orden de **mayor** a **menor**.

Prepárate para el módulo 2

Escribe el número correspondiente de decenas y unidades en el expansor. Luego escribe el nombre del número.

a.

b.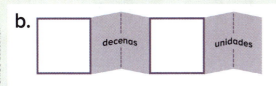

1.5 Número: Trabajando con centenas

Conoce

¿Dónde has visto o escuchado el número **cien**?

Mi bisabuela tiene 100 años de edad.

Hay 100 centavos en un dólar.

¿De qué maneras diferentes podrías indicar **cien**?

¿Cómo podrías indicar cien utilizando bloques como estos?
¿Cuántos bloques de decenas necesitarías?
¿Cuántos bloques de unidades necesitarías?
¿Qué otros bloques podrías utilizar?

¿De qué maneras diferentes podrías indicar
125 utilizando bloques?

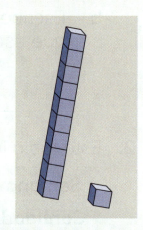

1 bloque de centenas, 2 de decenas y 5 unidades, o

12 de decenas y 5 unidades, o

125 unidades.

Intensifica

1. Encierra grupos de bloques de 10 decenas para hacer cien. Escribe el número de centenas. Luego escribe el número de decenas y unidades que sobra.

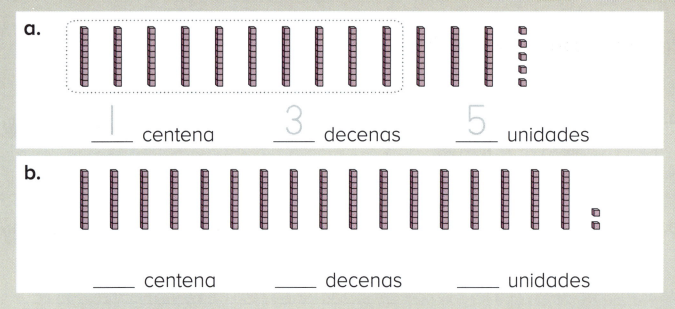

a. __1__ centena   __3__ decenas   __5__ unidades

b. ____ centena   ____ decenas   ____ unidades

2. Encierra grupos de bloques de 10 decenas para hacer cien. Luego escribe el número de centenas, decenas y unidades.

a. ____ centenas ____ decenas ____ unidades

b. ____ centenas ____ decenas ____ unidades

c. ____ centenas ____ decenas ____ unidades

d. ____ centenas ____ decenas ____ unidades

Avanza Escribe los números que faltan.

a. 1 centena 4 decenas 7 unidades **es igual a** _____ decenas ____ unidades

b. 3 centenas 4 decenas 5 unidades **es igual a** _____ decenas ____ unidades

c. 3 centenas 4 decenas 0 unidades **es igual a** _____ decenas ____ unidades

1.6 Número: Leyendo y escribiendo números de tres dígitos

Conoce ¿Qué número indica esta imagen de bloques?

¿Cómo lo sabes?

¿Cómo podrías escribir el mismo número en este expansor?

¿Cómo lees el número?
¿Qué partes del número dices juntas?

¿Cómo leerías y dirías estos números?

Intensifica

1. Observa las imágenes de bloques. Escribe los números correspondientes en el expansor.

a.
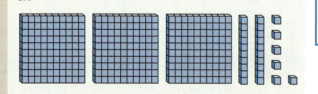
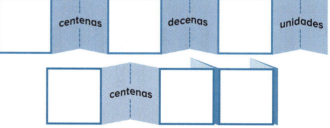

b.
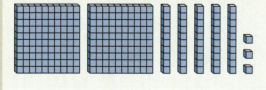
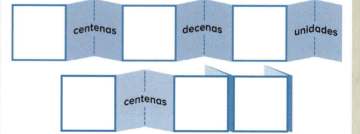

c.
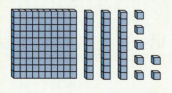
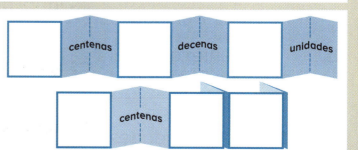

2. Colorea bloques para indicar el número en el expansor.

a. 4 centenas 2 5

b. 6 centenas 3 6

c. 5 centenas 4 9

d. 7 centenas 8 1

| Avanza | Colorea más bloques de manera que correspondan al número en el expansor. |

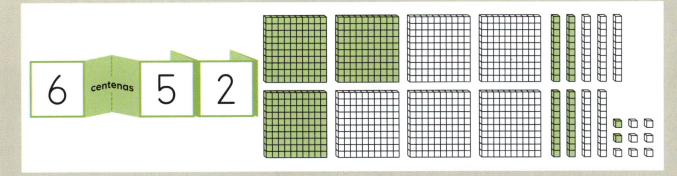

1.6 Reforzando conceptos y destrezas

Práctica de cálculo ¿Qué cosas no puedes comer en el desayuno?

★ Escribe todos los totales.

★ Escribe las letras en cada casilla arriba del total correspondiente en la parte inferior de la página.

7 + 5 = 12   n
3 + 4 = ___   z
2 + 3 = ___   r
8 + 7 = ___   l
6 + 8 = ___   m
6 + 4 = ___   a
7 + 9 = ___   c

8 + 9 = ___   y
5 + 3 = ___   o
6 + 5 = ___   e
2 + 4 = ___   u
7 + 6 = ___   e
3 + 1 = ___   a

10	15	14	6	11	5	7	8

17	16	13	12	4

Práctica continua

1. Escribe las respuestas. Dibuja saltos en la cinta numerada como ayuda.

| 65 | 66 | 67 | 68 | 69 | 70 | 71 | 72 | 73 | 74 | 75 |

a. 73 − 1 = ☐

b. 68 − 2 = ☐

c. 71 − 3 = ☐

2. Encierra un grupo de bloques de decenas para hacer cien. Escribe el número de centenas. Luego escribe el número de decenas y unidades que sobra.

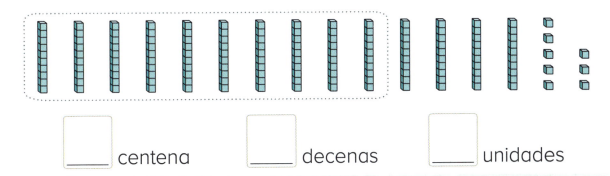

☐ centena   ☐ decenas   ☐ unidades

Prepárate para el módulo 2

Compara los números en las tablas. Encierra las palabras verdaderas.

a.
Decenas	Unidades
7	5

es mayor que

es menor que

Decenas	Unidades
5	2

b.
Decenas	Unidades
4	6

es mayor que

es menor que

Decenas	Unidades
5	0

1.7 Número: Escribiendo nombres de números de tres dígitos

Conoce ¿Qué número se indica en este expansor?

| 1 | centenas | 6 | 3 |

¿Cómo lees el número?

¿Cuáles partes del expansor lees juntas?

¿Cuáles de estas palabras utilizarías para escribir el nombre del número?

diez	veinte	treinta
cuarenta	cincuenta	sesenta
setenta	ochenta	noventa

uno	dos	tres
cuatro	cinco	seis
siete	ocho	nueve

Intensifica

1. Observa los bloques. Escribe el número correspondiente en el expansor.

a.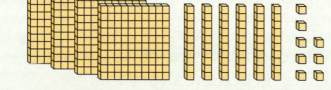

b.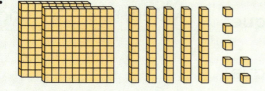

c.

2. Observa los bloques. Escribe el número correspondiente en el expansor. Luego completa el nombre del número.

a.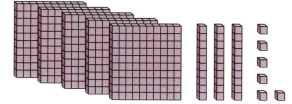

_____

b.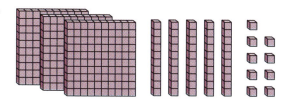

_____

c.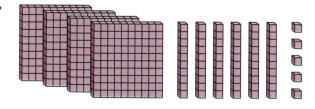

_____

Avanza Observa estas dos imágenes de bloques. Calcula el **total** de los dos números que indican. Luego escribe el total con palabras.

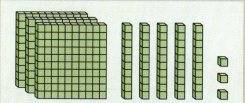 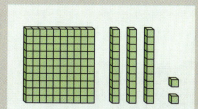

_____

1.8 Número: Escribiendo números de tres dígitos

Conoce

¿Cómo podrías calcular el número que se indica en esta imagen de bloques?

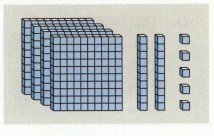

Yo sumé las posiciones mentalmente así:
400 + 20 + 5 = 425

¿Cómo escribirías el mismo número en estos expansores?

¿Cómo escribirías el número sin un expansor?

Observa la imagen de bloques de arriba.
¿Cuántos bloques de cada tipo se deben agregar para crear **este número**? ¿Cómo lo sabes?

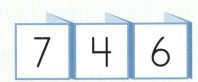

7 4 6

Intensifica

1. Observa la imagen de bloques. Escribe el número correspondiente en los expansores.

a.
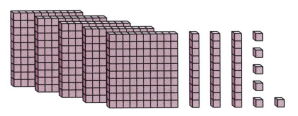

b.
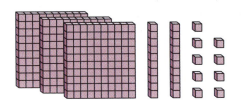

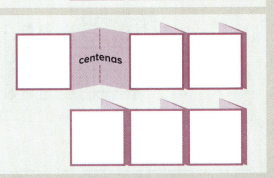

26

2. Escribe el número correspondiente con y sin el expansor.

a.

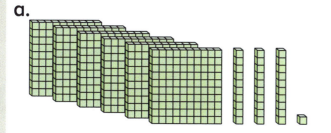

b.

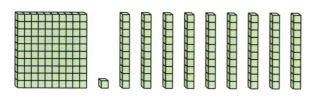

c.

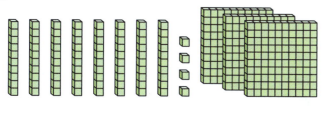

d.

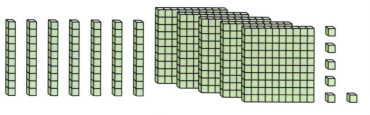
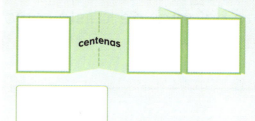

Avanza Escribe el numeral que corresponda al número que indica la imagen de bloques.

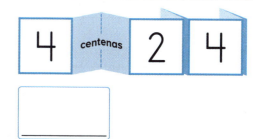

1.8 Reforzando conceptos y destrezas

Piensa y resuelve Imagina que el patrón continúa.

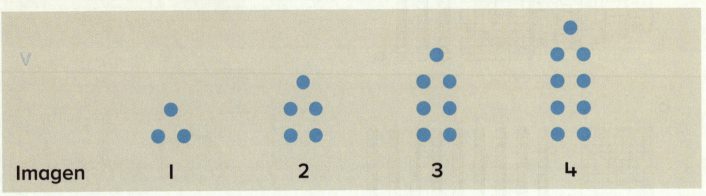

a. ¿Cuántos puntos habrá en la imagen 10? _____

b. ¿Cuál imagen tendrá 25 puntos? _____

Palabras en acción Escribe un número mayor que 30 pero menor que 35. _____

Escribe algunas cosas que sepas acerca de tu número. Utiliza palabras de la lista como ayuda.

| par |
| doble |
| mayor que |
| medio |
| menor que |
| impar |
| unidades |
| decenas |
| treinta |

Práctica continua

1. Escribe las diferencias. Puedes utilizar esta parte de una tabla de cien como ayuda.

a. 54 − 20 = _____

b. 37 − 10 = _____

c. 42 − 30 = _____

d. 58 − 40 = _____

e. 33 − 20 = _____

1	2	3	4	5	6	7	8	9	10
11	12	13	14	15	16	17	18	19	20
21	22	23	24	25	26	27	28	29	30
31	32	33	34	35	36	37	38	39	40
41	42	43	44	45	46	47	48	49	50
51	52	53	54	55	56	57	58	59	60

2. Observa la imagen de bloques. Escribe el numeral correspondiente en el expansor. Luego escribe el nombre del número.

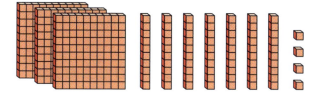 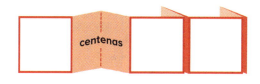

_____

Prepárate para el módulo 2

Escribe la hora que indica cada reloj.

a.

_____ en punto

b.

_____ en punto

c.

_____ en punto

1.9 Suma: Repasando conceptos

Conoce ¿Qué historia de suma podrías contar acerca de esta imagen?

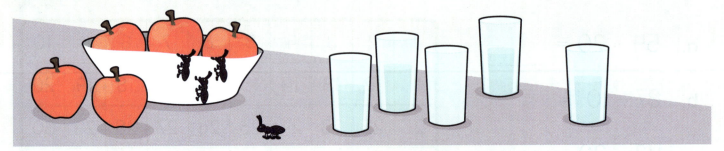

¿Cuál número es el **total** en tu historia? ¿Cómo lo sabes?

¿Cuáles números son las **partes** del total? ¿Cómo lo sabes?

¿Qué operación básica de suma podrías escribir que corresponda a tu historia? _____

Intensifica

1. Escribe los números que correspondan a cada imagen. Luego escribe la operación básica de suma.

a.
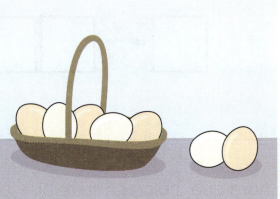

Hay ____ huevos en la canasta.

Hay ____ huevos fuera de la canasta.

Hay ____ huevos en total.

☐ + ☐ = ☐

b.

____ monedas en el frasco.

____ moneda se agrega al frasco.

Hay ____ monedas en total.

☐ + ☐ = ☐

2. Suma los grupos. Luego escribe la operación básica de suma correspondiente.

a.

b.

_____

_____

c.

d.

_____

_____

3. Lee la historia. Luego escribe la operación básica de suma correspondiente.

a. Cathy tiene 6 frambuesas y 2 fresas. ¿Cuántas bayas tiene en total?	b. Hugo se comió 7 aceitunas y tiene 2 más por comer. ¿Cuántas aceitunas tenía en total?

Avanza

Escribe números para completar operaciones básicas diferentes. Haz que cada total sea **menor que** 10.

___ + 3 = ___   ___ = 3 + ___   ___ + 3 = ___

___ = 3 + ___   ___ + 3 = ___   ___ = 3 + ___

1.10 Suma: Repasando la estrategia de contar hacia delante

Conoce ¿Qué números se han obtenido al lanzar estos cubos?

¿Cómo calcularías el total de los dos números?

Escribe la operación básica de suma correspondiente.

☐ + ☐ = ☐

 Es más fácil comenzar con seis y contar dos más hacia delante. Eso es 6... 7, 8. 6 + 2 = 8.

¿Cuáles son algunos otros totales que podrías obtener al lanzar los cubos?

Intensifica

1. Escribe la operación básica de suma que corresponda a cada tarjeta.

a.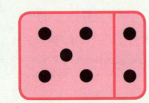
☐ + ☐ = ☐

b.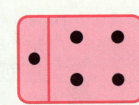
☐ + ☐ = ☐

c.
☐ + ☐ = ☐

d.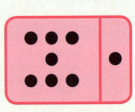
☐ + ☐ = ☐

e.
☐ + ☐ = ☐

f.
☐ + ☐ = ☐

2. Escribe la operación básica de suma que corresponda a cada una de estas tarjetas.

a.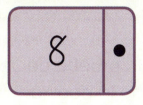

___ + ___ = ___

b.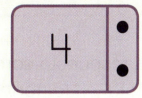

___ + ___ = ___

c.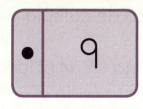

___ + ___ = ___

d.

___ + ___ = ___

e.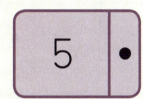

___ + ___ = ___

f.

___ + ___ = ___

3. Cuenta 1 o 2 hacia delante para calcular el total. Luego escribe la ecuación de suma.

a.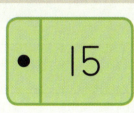

___ + ___ = ___

b.

___ + ___ = ___

c.

___ + ___ = ___

Avanza — Completa cada ecuación. Utiliza la cinta numerada como ayuda.

a. 14 + 2 = ☐ | 10 | 11 | 12 | 13 | **14** | 15 | 16 | 17 | 18 | 19 |

b. 16 + 3 = ☐ | 10 | 11 | 12 | 13 | 14 | 15 | **16** | 17 | 18 | 19 |

1.10 Reforzando conceptos y destrezas

Práctica de cálculo

★ Dibuja un ✔ al lado de cada respuesta correcta en la prueba de Jennifer.
★ Cuenta cada ✔ y escribe el total en la parte inferior de la página.

Corrige las operaciones básicas incorrectas.

Nombre: Jennifer

a. 5 + 4 = 9
b. 7 + 8 = 15
c. 7 + 6 = 14
d. 8 + 9 = 16
e. 2 + 3 = 5
f. 6 + 5 = 11
g. 3 + 4 = 17
h. 3 + 2 = 5
i. 9 + 8 = 16
j. 4 + 3 = 7
k. 4 + 5 = 8
l. 8 + 7 = 15
m. 5 + 6 = 11
n. 6 + 7 = 14

Total correctas: ____

| Práctica continua | **1.** Encierra el recipiente de **menor** capacidad. |

a.

b.

2. Suma los grupos. Luego escribe la operación básica de suma correspondiente.

a.

b.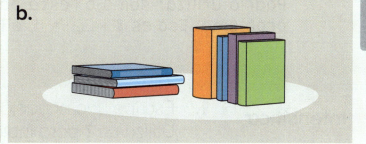

_____   _____

| Preparing for Module 2 | Escribe la hora que indica cada reloj. |

a.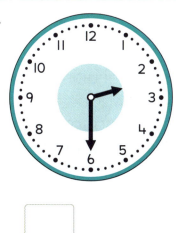

☐ y media

b.

☐ y media

c.

☐ y media

1.11 Suma: Reforzando la estrategia de contar hacia delante

Conoce Carmen tiene siete juegos.

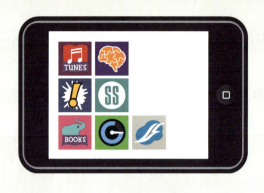

Su mamá le compra dos juegos más.

¿Cuántos juegos tiene ella ahora?

¿Qué operación básica de suma escribirías?

_____

Mateo tiene ocho juegos. Él compra algunos juegos más. Él ahora tiene 11 juegos. ¿Cuántos juegos compró?

Podría utilizar suma o resta para resolver este problema. Eso es 8 + ___ = 11, o 11 − 8 = ___.

Intensifica

1. Escribe una ecuación que corresponda a cada problema. Utiliza un **?** para indicar la cantidad desconocida.

a. Cary compra 2 juegos. El primer juego cuesta $2. El segundo cuesta $4. ¿Cuál es el costo total de los juegos?

_____ = _____

b. Jacinta compra 3 juegos por un total de $10. El primer juego costó $9. El segundo era gratis. ¿Cuál fue el costo del tercer juego?

_____ = _____

c. Emily tiene 6 juegos. Ethan tiene 2 juegos más que Emily. ¿Cuántos juegos tiene Ethan?

_____ = _____

d. Michelle completa el último nivel de un juego y gana 3 estrellas más. Ella ahora tiene 10 estrellas. ¿Cuántas estrellas tenía ella antes?

_____ = _____

2. Resuelve cada problema. Indica tu razonamiento.

a. Sara termina un nivel de un juego en 8 minutos. A Eva le tomó un minuto más completar el mismo nivel. ¿Cuánto tiempo le tomó a Eva terminarlo?

_____ minutos

b. 5 estudiantes están esperando para jugar un juego. 3 de los estudiantes son niñas. ¿Cuántos niños están esperando?

_____ niños

c. Kayla jugó un juego por 15 minutos. Harvey jugó por 2 minutos más. ¿Por cuánto tiempo jugó Harvey?

_____ minutos

d. A Juan le dan 2 juegos de carreras. Él ahora tiene 13 juegos de carreras en total. ¿Cuántos juegos de carreras tenía él antes?

_____ juegos

Avanza Cuenta hacia delante 1, 2 o 3 para calcular el total. Luego escribe el total.

a. 11 + 2 = _____

b. 3 + 16 = _____

c. 18 + 2 = _____

d. 23 + 1 = _____

e. 2 + 27 = _____

f. 25 + 3 = _____

g. 3 + 32 = _____

h. 34 + 3 = _____

i. 1 + 33 = _____

1.12 Suma: Utilizando la propiedad conmutativa (operaciones básicas de contar hacia delante)

Conoce Observa estas imágenes. ¿Qué notas?

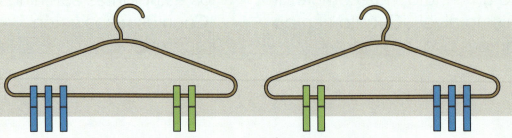

¿Qué operaciones básicas de suma podrías escribir que correspondan a las imágenes?

¿Cómo llamas a un par de operaciones básicas como estas?

Estas operaciones se llaman operaciones conmutativas básicas. Las operaciones conmutativas básicas tienen las mismas parte y el mismo total.

Intensifica

1. Escribe las dos operaciones básicas de suma que correspondan a cada imagen.

a.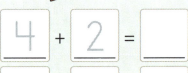

$4 + 2 = \boxed{}$

$2 + 4 = \boxed{}$

b.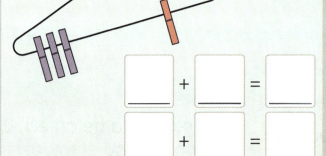

$\boxed{} + \boxed{} = \boxed{}$

$\boxed{} + \boxed{} = \boxed{}$

c.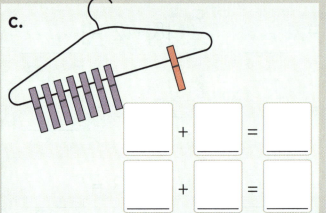

$\boxed{} + \boxed{} = \boxed{}$

$\boxed{} + \boxed{} = \boxed{}$

d.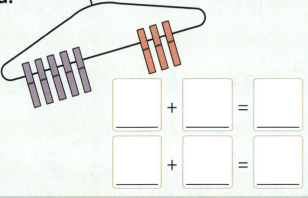

$\boxed{} + \boxed{} = \boxed{}$

$\boxed{} + \boxed{} = \boxed{}$

2. Traza líneas para unir las operaciones conmutativas básicas correspondientes. Tacha las operaciones básicas que no tienen una correspondiente.

8 + 3 = 11	7 + 2 = 9
1 + 6 = 7	4 + 1 = 5
2 + 7 = 9	3 + 8 = 11
0 + 8 = 8	1 + 8 = 9
8 + 1 = 9	8 + 0 = 8

3. Escribe **verdadero** o **falso**.

a. 5 + 0 = 5 es la operación conmutativa de 0 + 5 = 5

b. 3 + 9 = 12 es la operación conmutativa de 12 + 9 = 3

c. 6 + 2 = 8 es la operación conmutativa de 4 + 4 = 8

d. 4 + 1 = 5 es la operación conmutativa de 1 + 4 = 5

e. 2 + 8 = 10 es la operación conmutativa de 4 + 6 = 10

f. 0 + 3 = 3 es la operación conmutativa de 3 + 3 = 0

Avanza   Escribe las operaciones conmutativas correspondientes.

a. 14 + 2 = 16   ___ + ___ = ___

b. 3 + 12 = 15   ___ + ___ = ___

c. 17 + 0 = 17   ___ + ___ = ___

1.12 Reforzando conceptos y destrezas

Piensa y resuelve

Imagina que lanzas tres saquitos con frijoles y todos caen en el blanco. Suma los números mentalmente.

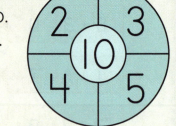

a. ¿Cuál es el mayor total que puedes obtener? ☐

b. ¿Cuál es el menor total que puedes obtener? ☐

c. Escribe una ecuación para indicar una manera en que puedes obtener un **total de 12**

☐ + ☐ + ☐ = 12

d. Escribe ecuaciones para indicar **otras dos maneras** en que puedes obtener un total de 12.

☐ + ☐ + ☐ = 12   ☐ + ☐ + ☐ = 12

Palabras en acción

Escribe un problema verbal que podrías resolver utilizando la estrategia de contar hacia delante. Puedes utilizar palabras de la lista como ayuda.

> suma
> calcular
> cuántos
> total
> uno más
> dos más

Práctica continua

1. Escribe el número de medidas de agua para cada recipiente. Luego encierra el recipiente que contiene más.

Recipiente	Número de medidas de agua	
a.		_____ medidas
b.		_____ medidas

2. Resuelve cada problema. Indica tu razonamiento.

a. Nam tiene 12 canicas en total. 9 de las canicas son azules y el resto son verdes. ¿Cuántas canicas verdes tiene Nam?

_____ canicas verdes

b. Kylie tiene 8 tarjetas intercambiables. Corey tiene 3 tarjetas más que Kylie. ¿Cuántas tarjetas tiene Corey?

_____ tarjetas

Prepárate para el módulo 2 Escribe las respuestas.

a. Doble 8 son ____

b. Doble 7 son ____

c. Doble 6 son ____

d. Doble 9 son ____

e. Doble 4 son ____

f. Doble 5 son ____

Espacio de trabajo

2.1 Número: Explorando la posición en una cinta numerada

Conoce Observa esta parte de una cinta numerada.

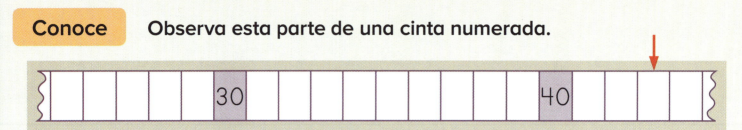

¿Qué número escribirías en la posición que indica la flecha roja? ¿Cómo lo sabes?

¿Cómo puedes calcular dónde se ubica cada uno de estos números en la cinta numerada?

42   37   29

Intensifica

1. Traza una línea para indicar dónde se ubica cada número y nombre de número en la cinta numerada.

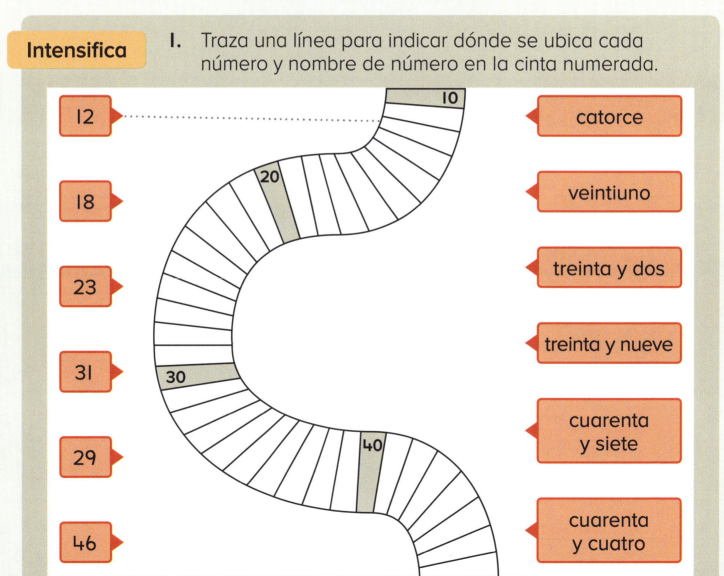

2. Escribe el número que se debería indicar en estas posiciones.

a.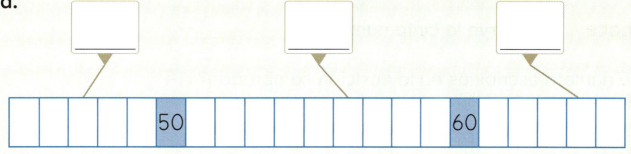

b.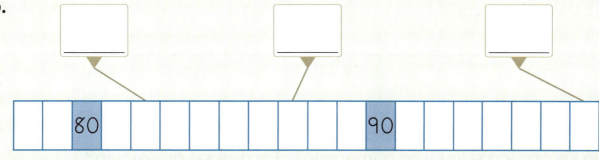

c.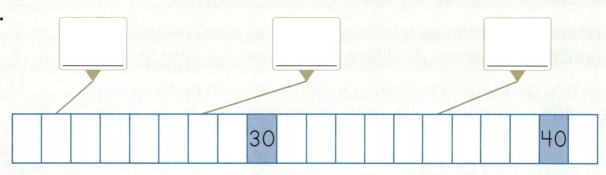

Avanza   Observa esta parte de una cinta numerada.

Encierra los números que podrías indicar en esta parte de una cinta numerada.

| 40 | 44 | 42 | 35 | 49 | 52 |

2.2 Número: Introduciendo las rectas numéricas y representando números como longitudes desde cero

Conoce   Observa la cinta numerada.

¿Qué número escribirías en la posición sombreada?
¿Cómo lo sabes?

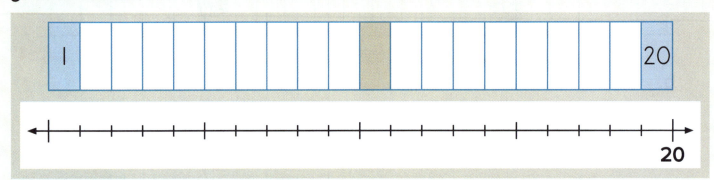

Observa la recta numérica de arriba.
¿En qué se parece a la cinta numerada? ¿En qué se diferencia?
¿Dónde deberíamos escribir el **0** en la recta numérica?

¿Qué notas en las marcas a lo largo de la recta numérica?
¿Qué indican las marcas de diferente longitud? ¿Cómo lo sabes?

¿Qué marca de la recta numérica indica el mismo número que el que está sombreado en la cinta numerada? ¿Cómo lo sabes?

¿Cuál es una manera rápida de encontrar el 17 en la recta numérica?

Intensifica   1. Dibuja saltos para indicar la posición de cada número en la recta numérica.

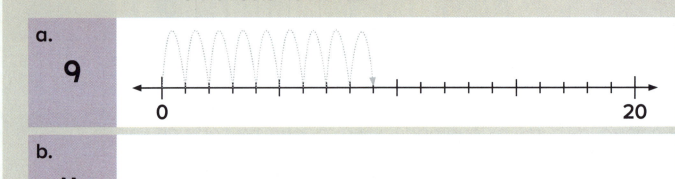

2. Traza una línea desde cada número hasta su posición en la recta numérica.

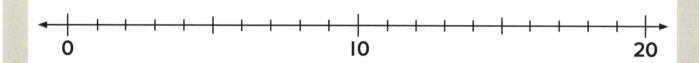

3. Escribe el número que se debería indicar en cada posición.

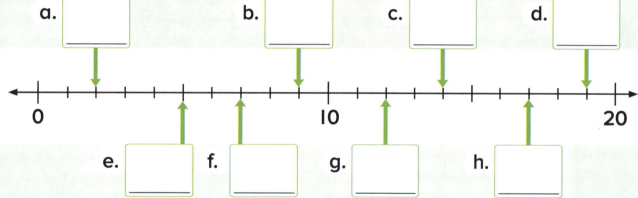

Avanza Imagina que indicas cada uno de estos números en una recta numérica. Colorea el número de cada par que sería la **mayor** distancia desde cero.

a. 7 — 11   b. 9 — 3   c. 10 — 16

d. 16 — 15   e. 8 — 12   f. 17 — 20

2.2 Reforzando conceptos y destrezas

Práctica de cálculo ¿Qué se esconde en el rompecabezas de abajo?

★ Escribe todos los totales.
★ Encuentra cada total en el rompecabezas y colorea esas partes de negro.
★ Colorea todas las otras partes numeradas de verde.

5 + 5 = ___	1 + 2 = ___	8 + 1 = ___
7 + 8 = ___	3 + 4 = ___	9 + 9 = ___
2 + 2 = ___	1 + 5 = ___	9 + 10 = ___
4 + 1 = ___	5 + 7 = ___	8 + 8 = ___

Una parte no está numerada. Déjala en blanco.

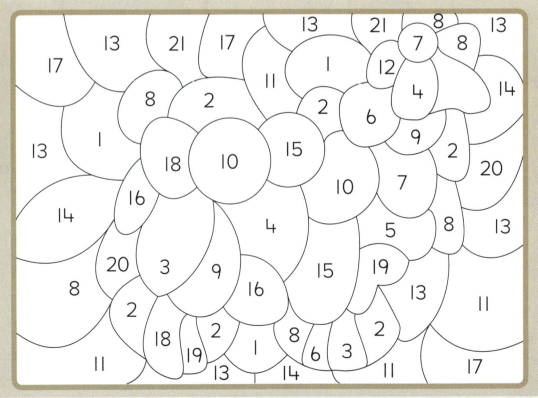

48

Práctica continua

1. Escribe el número de decenas y unidades en el expansor. Luego escribe el nombre del número.

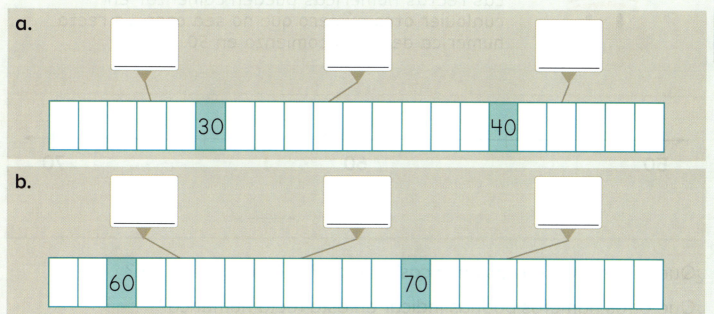

2. Escribe los números en estas posiciones.

a.

| | | | | | 30 | | | | | | | | | | 40 | | | | |

b.

| | | 60 | | | | | | | | 70 | | | | | | | | |

Prepárate para el módulo 3

Colorea bloques de manera que correspondan al número que se indica en cada expansor.

a.

b.

ORIGO Stepping Stones • 2.º grado • 2.2

49

2.3 Número: Explorando la posición en una recta numérica

Conoce ¿Qué puedes decir acerca de esta recta numérica?

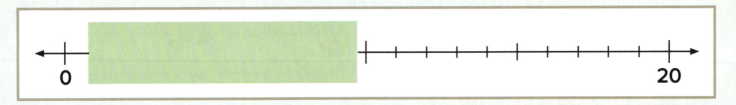

¿Qué números están cubiertos?

Las rectas numéricas pueden comenzar en cualquier otro número que no sea cero. La recta numérica de abajo comienza en 50.

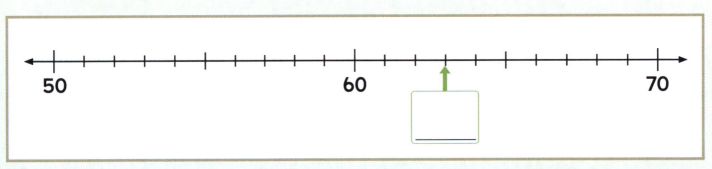

¿Qué número escribirías en la casilla vacía? ¿Cómo lo decidiste?

¿Qué otros números podrías indicar en esta recta numérica?

Intensifica

1. Traza una línea desde cada número hasta su posición en la recta numérica.

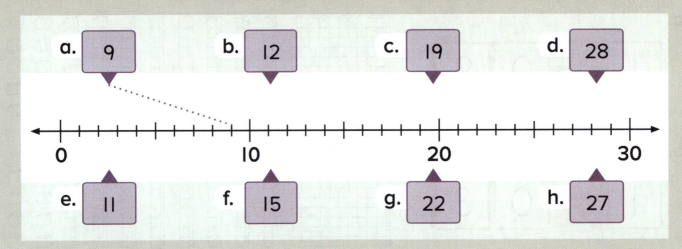

2. Traza una línea desde cada número hasta su posición en la recta numérica.

a. 42 b. 51 c. 58 d. 64

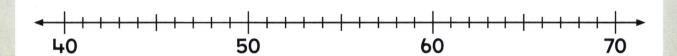

e. 47 f. 53 g. 55 h. 69

i. 74 j. 79 k. 85 l. 93

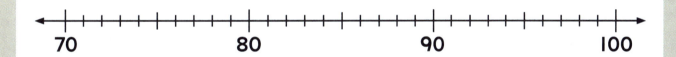

m. 71 n. 82 o. 89 p. 96

Avanza Traza una línea desde cada número hasta su posición en la recta numérica. Piensa cuidadosamente antes de trazar.

30   25   35

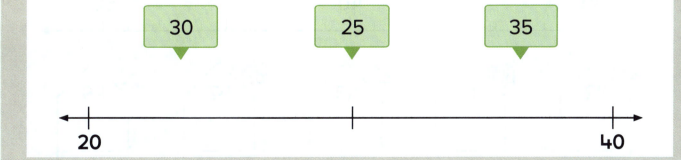

2.4 Número: Identificando múltiplos de diez cercanos en una recta numérica

Conoce ¿Qué notas en esta recta numérica?

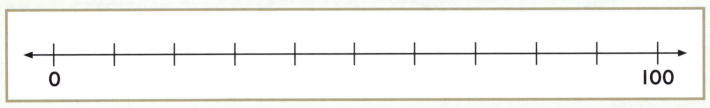

Esta recta numérica se ha partido en 10 partes iguales. ¿Qué numero escribirías debajo de cada marca?

¿Dónde se ubica el 47 en la recta numérica?
¿Cuál es la decena más cercana?
¿Qué tan lejos está el 47 de la decena más cercana?

Imagina que colocas una pelota en esta recta numérica especial.

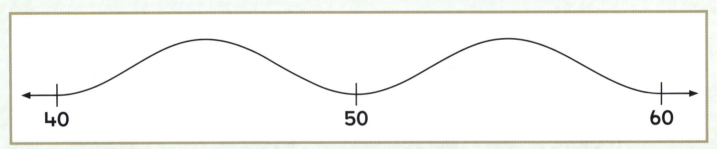

¿Cómo te podría ayudar la pelota a decidir cuál es la decena más cercana a 54?

Intensifica 1. Para cada número, escribe la **decena** más cercana.

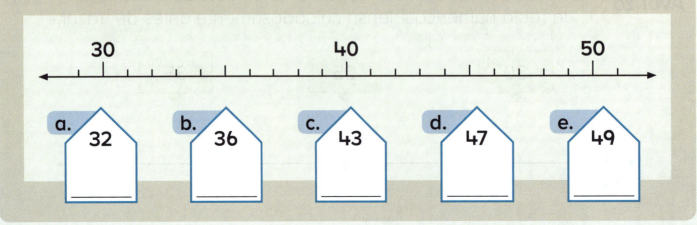

a. 32   b. 36   c. 43   d. 47   e. 49

2. Escribe la **decena** más cercana. Puedes trazar líneas como ayuda.

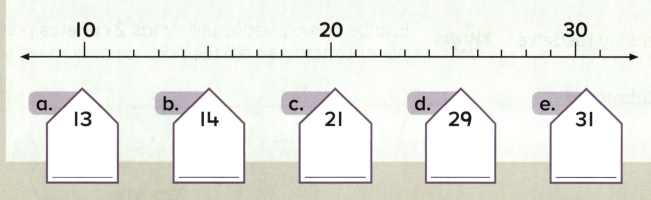

3. Escribe **qué tan lejos** está cada número de la decena más cercana. Puedes trazar líneas como ayuda.

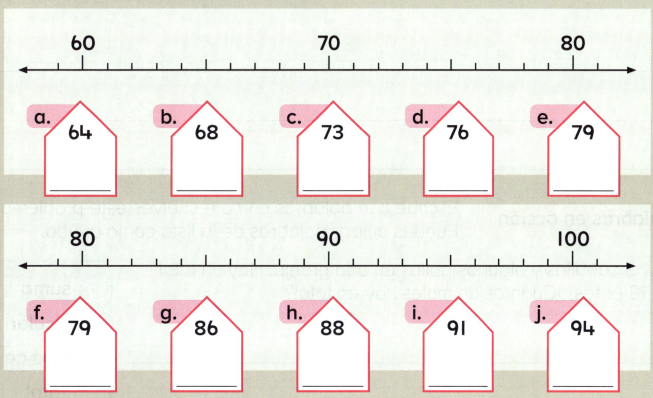

Avanza

Escribe dos números de dos dígitos que **no** tengan un 0 o un 5. Luego completa estos enunciados. Utiliza las rectas numéricas de arriba como ayuda.

a. ▢▢   La distancia a la decena más cercana es ▢.

b. ▢▢   La distancia a la decena más cercana es ▢.

2.4 Reforzando conceptos y destrezas

Piensa y resuelve Escribe cómo puedes utilizar **las 2 cubetas** para poner exactamente 5 medidas de agua en la tina.

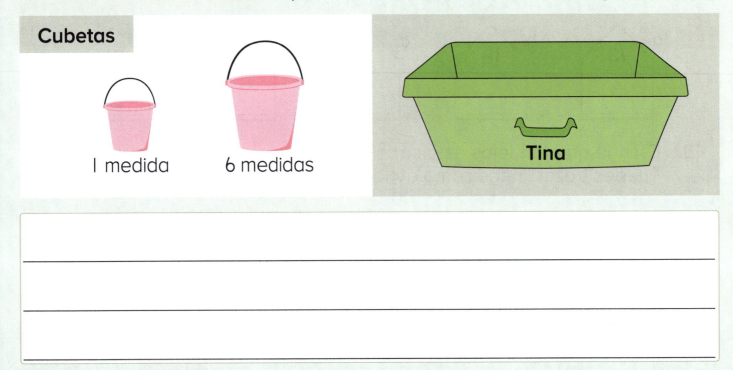

Palabras en acción Escribe con palabras cómo resuelves este problema. Puedes utilizar palabras de la lista como ayuda.

Hay 3 caballos y algunos pollos en una granja. Hay un total de 18 patas. ¿Cuántos animales hay en total?

suma
calcular
pasos de
total
contar

Práctica continua

1. a. Escribe los dos números **pares** que siguen.

| 6 | ___ | ___ | | 14 | ___ | ___ |
| 28 | ___ | ___ | | 46 | ___ | ___ |

b. Escribe los dos números **impares** que siguen.

| 9 | ___ | ___ | | 15 | ___ | ___ |
| 21 | ___ | ___ | | 47 | ___ | ___ |

2. Traza una línea desde cada número hasta su posición en la recta numérica.

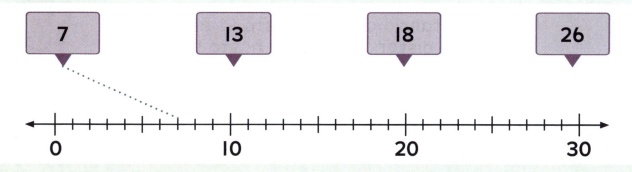

Prepárate para el módulo 3

Observa la imagen de bloques. Escribe el número en los expansores. Luego escribe el nombre del número que corresponde.

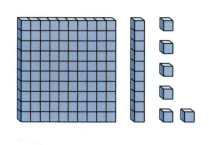
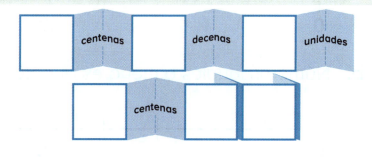

2.5 Número: Comparando números de dos dígitos en una recta numérica

Conoce   Observa esta recta numérica.

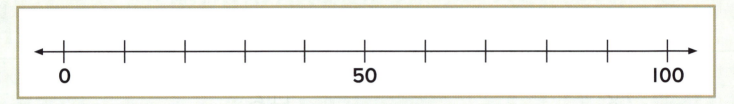

Pasa tu dedo por la parte de la recta numérica que indica números iguales o mayores que 50.

Pasa tu dedo por la parte de la recta numérica que indica números iguales o menores que 30.

Indica la posición de estos dos números. | 45 | | 62 |

¿Cuál número es mayor? ¿Cómo lo decidiste?

La distancia desde 0 hasta 62 es mayor que la distancia desde 0 hasta 45.

Intensifica   1. Colorea la parte de la recta numérica que indica cada uno de estos números.

a. Números iguales o mayores que 70

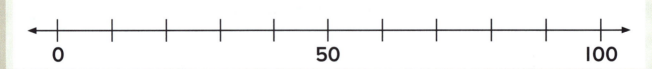

b. Números iguales o menores que 80

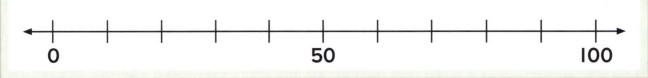

2. Escribe **<** o **>** en cada círculo para describir cada par de números. Traza una línea para unir cada número a su posición en la recta numérica como ayuda en tu razonamiento.

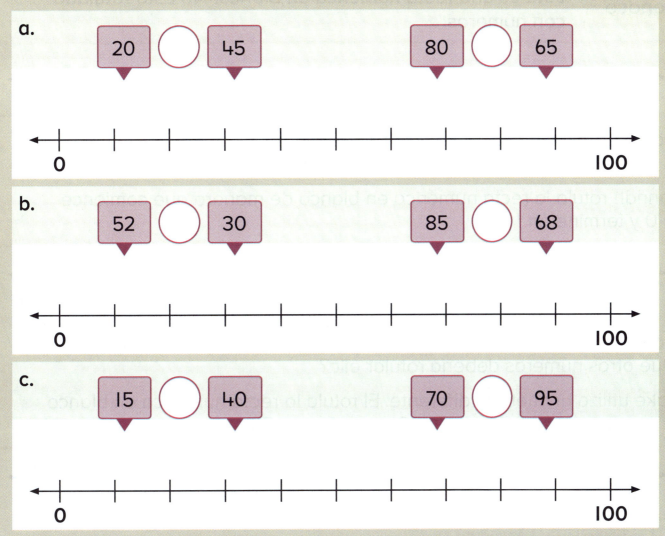

| Avanza | Helen colorea la recta numérica de manera que corresponda a las instrucciones en una de las tarjetas. Encierra la tarjeta que ella eligió. |

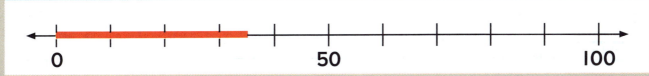

| Colorea de rojo todos los números que están entre el 10 y el 50. | Colorea de rojo todos los números que son iguales o mayores que 50. | Colorea de rojo todos los números que son iguales o menores que 35. |

2.6 Número: Introduciendo las rectas numéricas en blanco

Conoce Esta es una recta numérica en blanco. No está rotulada con números.

¿Cómo podrías indicar la posición de estos dos números en la recta numérica en blanco? **74** **56**

Hannah rotula la recta numérica en blanco de manera que comience en 0 y termine en 100.

¿Cómo le ayuda esto a identificar la posición de los dos números? ¿Qué otros números debería rotular ella?

Blake utiliza un método diferente. Él rotula la recta numérica en blanco de manera que comience en 50 y termine en 80.

¿Por qué él eligió estos dos números? ¿Qué otros números podría rotular él? ¿Cuál método prefieres?

Step Up

1. Indica la posición de cada número. Puedes partir la recta numérica en más partes como ayuda en tu razonamiento.

   a. **35**

   b. **80**

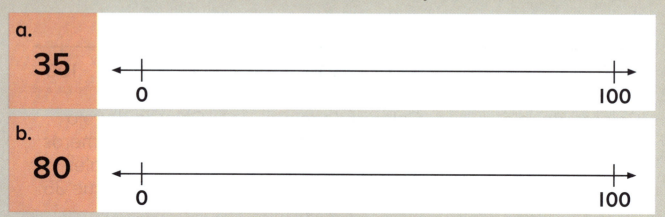

2. Utiliza la estrategia de Hannah para indicar la posición de cada número.

a.
70

b.
25

c.
59

d.
10

e.
46

f.
63

Avanza Utiliza la estrategia de Blake para indicar la posición de cada par de números.

a.
32   45
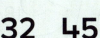

b.
96   85

2.6 Reforzando conceptos y destrezas

Práctica de cálculo Tengo cuatro patas pero solo un pie. ¿Qué soy?

★ Escribe todas las respuestas, luego colorea todas las partes correspondientes del rompecabezas.

★ La respuesta está en inglés.

14 − 6 = 　　　7 + 8 = 　　　9 + 3 =

11 − 5 = 　　　2 − 2 = 　　　4 + 9 =

8 + 6 = 　　　6 − 1 = 　　　7 − 3 =

7 + 9 = 　　　6 + 5 = 　　　17 − 8 =

8 − 5 = 　　　3 + 7 = 　　　9 + 8 =

4 − 3 =

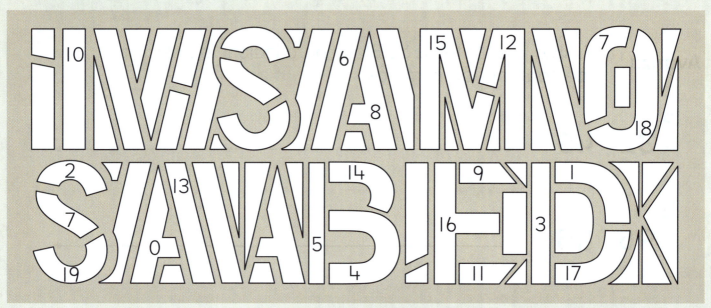

Práctica continua

1. Escribe las operaciones básicas de suma que correspondan a cada tarjeta.

a.

___ + ___ = ___

b.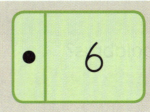

___ + ___ = ___

c.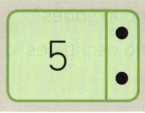

___ + ___ = ___

2. Traza una línea que una cada número a su posición en la recta numérica. Luego escribe < o > en cada círculo para describir cada par de números.

Prepárate para el módulo 3

Observa la imagen de bloques. Escribe el número correspondiente en la tabla de valor posicional y fuera de ella.

a.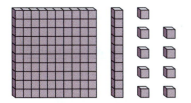

Centenas	Decenas	Unidades

b.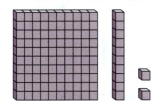

Centenas	Decenas	Unidades

c.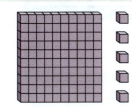

Centenas	Decenas	Unidades

2.7 Hora: Repasando la hora en punto

Conoce ¿Qué hora indica este reloj?

¿Cómo lo sabes?

¿Cómo escribirías la hora con palabras?

¿Cómo indicarías la misma hora en este reloj digital?

Intensifica 1. Escribe cada hora en el reloj digital.

a.

b.

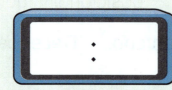

c.

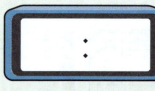

d.

e.

f.

2. Dibuja las manecillas de los relojes para indicar estas horas.

a. **9 en punto**

b. **1 en punto**

c. **5 en punto**

3. Escribe estas horas en los rejoles digitales.

a. **6 en punto**

b. **12 en punto**

c. **3 en punto**
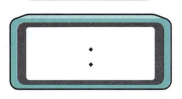

d. **11 en punto**
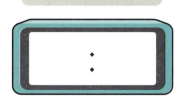

Avanza — Observa el reloj analógico. Escribe la hora que es **una hora antes** y **una hora después**.

una hora antes
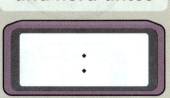

una hora después
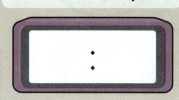

2.8 Hora: Repasando la media hora después de la hora

Conoce   Observa este reloj analógico.

¿Qué te dice la manecilla larga?
¿Qué te dice la manecilla corta?
¿Qué hora se indica en el reloj?

Observa este reloj digital.

¿Qué te dicen los números a la izquierda de los dos puntos?
¿Qué te dicen los números a la derecha de los dos puntos?
¿Qué hora se indica en el reloj?

¿Cuántos minutos hay en una hora?
¿Cuántos minutos hay en media hora? ¿Cómo lo sabes?

Observa estos dos relojes.

¿Qué horas están indicando?
¿Cómo lo sabes?

Intensifica

1. Encierra con **rojo** los relojes que indican **la hora en punto**. Encierra con **azul** los relojes que indican **media hora después de la hora**.

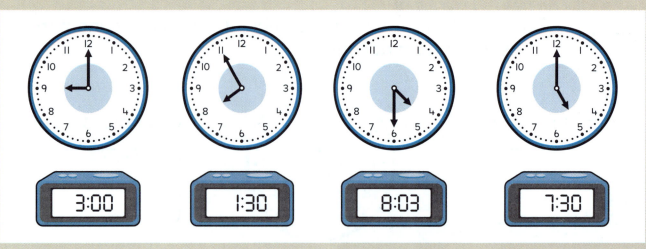

64

2. Escribe cada hora con palabras.

a.

___

b.

___

c.

___

d.

___

e.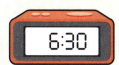

___

f.

___

g.

___

h.

___

i.

___

Avanza   Encierra los relojes que marcan horas después de las 11 de la mañana y antes de las 4 y media de la tarde.

2.8 Reforzando conceptos y destrezas

Piensa y resuelve Observa estas tres cuerdas.

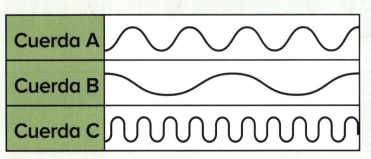

Completa estos enunciados.

a. La cuerda ☐ es **la más larga**.

b. La cuerda ☐ es **la más corta**.

Palabras en acción

Escribe la respuesta para cada pista en la cuadrícula. Utiliza las palabras en **inglés** de la lista.

Pistas horizontales

2. Una recta numérica en blanco no tiene ___.
4. Una ___ numérica no tiene que comenzar en cero.
5. Dieciocho está ___ de veinte que de diez.

Pistas verticales

1. Hay treinta minutos en ___ hora.
2. La manecilla larga de un reloj cuenta los ___.
3. Hay ___ minutos en una hora.

closer
más cerca

line
línea/recta

marks
marcas

sixty
sesenta

half
media

minutes
minutos

Práctica continua

1. Escribe las dos operaciones básicas de suma que correspondan a cada imagen.

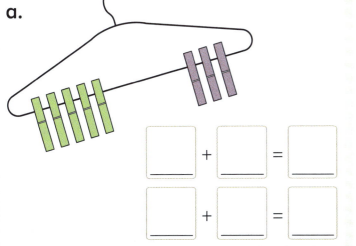

a.

☐ + ☐ = ☐

☐ + ☐ = ☐

b.

☐ + ☐ = ☐

☐ + ☐ = ☐

2. Dibuja las manecillas de los relojes para indicar estas horas.

a.
3 en punto

b.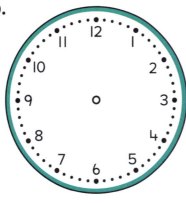
11 en punto

c.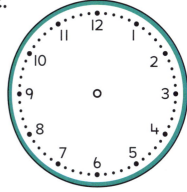
7 en punto

Prepárate para el módulo 3

Compara los numerales. Escribe **es mayor que** o **es menor que** para hacer declaraciones verdaderas.

a. 46 _____ 50

b. 33 _____ 13

2.9 Hora: Reforzando la hora y la media hora después de la hora

Conoce Kevin está jugando un juego de asociar.
¿Cuáles tarjetas debería asociar?

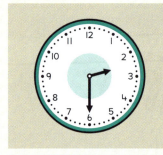  2 y media   10 en punto

 6 en punto

¿Conoces alguna otra manera de decir 2 y media?

Algunas personas dicen "dos y treinta".

Intensifica 1. Traza líneas para conectar las horas correspondientes. Tacha el reloj digital que no tiene uno correspondiente.

2. Traza líneas para conectar los relojes a las horas.
Tacha los dos relojes que **no** tienen horas correspondientes.

Avanza   En estos relojes falta alguna información.
Calcula cada hora.

a.

b.

2.10 Suma: Repasando la estrategia de dobles

Conoce

Algunos amigos están jugando un juego de duplicar el número que obtienen al lanzar un cubo numerado.

¿Cómo calcularías el doble de 7?

Manuel no sabe cuál es el doble de 7, pero sabe cuál es el doble de 5. Él calcula la respuesta así:

> Doble 5 son 10
> Doble 2 son 4
> **entonces**
> Doble 7 son 14

¿Cómo calculó Manuel la respuesta?

¿Qué otro doble podrías calcular de la misma manera?

Intensifica

1. Utiliza la misma estrategia para calcular cada uno de estos dobles.

a. Doble 8	b. Doble 9	c. Doble 6
Doble 5 son ___	Doble 5 son ___	Doble 5 son ___
Doble 3 son ___	Doble 4 son ___	Doble 1 son ___
entonces	**entonces**	**entonces**
Doble 8 son ___	Doble 9 son ___	Doble 6 son ___

2. Juega este juego de duplicar con otro estudiante.

   a. Túrnense para lanzar un cubo rotulado con 4, 5, 6, 7, 8 y 9.
   b. Duplica el número que obtienes. Luego coloca un contador sobre el total en la tira de abajo.
   c. Gana el primer estudiante en cubrir todos los totales.

8	10	12	14	16	18

3. Colorea el ⚪ junto a la declaración que crees es verdadera. Trata de dibujar una imagen para comprobar tu respuesta.

   ⚪ Si duplicas un número del 1 al 9, el total es siempre impar.
   ⚪ Si duplicas un número del 1 al 9, el total es siempre par.
   ⚪ Si duplicas un número del 1 al 9, el total podría ser impar o par.

Avanza

Mika va a jugar un juego. Él tiene que escoger un número, duplicarlo y luego sumarle 3. Él necesita obtener un total entre 10 y 16.

¿Con cuáles números podría comenzar él para obtener ese total?

Indica tu razonamiento.

2.10 Reforzando conceptos y destrezas

Práctica de cálculo

★ Escribe todas las diferencias y encontrarás un dato curioso acerca de un animal marino.

★ Luego escribe cada letra arriba de la diferencia correspondiente en la parte inferior de la página. Algunas letras se repiten.

18 − 3 = __15__ a   31 − 2 = __29__ i   70 − 2 = __68__ l

9 − 2 = __7__ z   46 − 1 = __45__ u   16 − 3 = __13__ n

42 − 3 = __39__ c   56 − 2 = __54__ d   27 − 1 = __26__ s

8 − 3 = __5__ m   61 − 2 = __59__ e   51 − 3 = __48__ t

u	n		c	a	l	a	m	a	r
45	13		39	15	15	15	5	15	15

t	i	e	n	e		d	i	e	z
48	29	59	13	59		54	29	59	7

t	e	n	t	á	c	u	l	o	s
48	59	13	48	15	39	45	68		26

Práctica continua

1. Compara la masa de cada artículo. Luego escribe **más** o **menos** para completar cada enunciado.

a.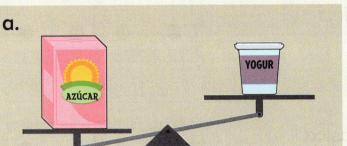

El azúcar pesa _____ que el yogur.

b.

El pan pesa _____ que la mantequilla.

2. Escribe cada hora con palabras.

a.

_____

b.

_____

Prepárate para el módulo 3

Escribe estos números en orden de **menor** a **mayor**.

a.   18 25

____ ____ ____ ____

b.   31

____ ____ ____ ____

c.   57 73

____ ____ ____ ____

d.

____ ____ ____ ____

2.11 Suma: Reforzando la estrategia de dobles

Conoce

¿Qué operación básica de dobles indica este dominó?

¿Qué ecuación puedes escribir para indicar este doble?

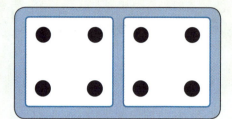

¿Cómo puedes utilizar esa operación básica de dobles para calcular el número total de puntos en este dominó?

¿Qué ecuación correspondiente puedes escribir?

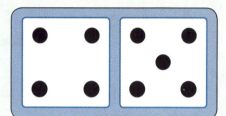

¿Qué operación básica de dobles utilizarías para resolver estas ecuaciones?   6 + 7 = ☐   8 + 6 = ☐

Intensifica

1. Escribe la operación básica de dobles que utilizarías para calcular cada operación básica de **doble más 1**. Luego completa la operación básica.

a. 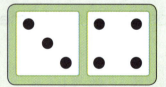   Puedo utilizar doble ☐.   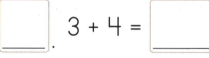 3 + 4 = ☐

b.    Puedo utilizar doble ☐.   7 + 8 = ☐

c. 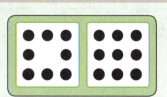   Puedo utilizar doble ☐.   8 + 9 = ☐

2. Escribe la operación básica de dobles que te podría ayudar. Luego completa cada operación básica de **doble más 2**.

a.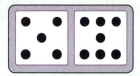
Puedo utilizar doble ☐.   5 + 7 = ☐

b.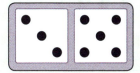
Puedo utilizar doble ☐.   3 + 5 = ☐

c.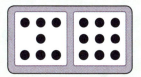
Puedo utilizar doble ☐.   7 + 9 = ☐

3. Escribe el total. Luego escribe la operación **conmutativa**.

a. 4 + 5 = ☐
☐ + ☐ = ☐

b. 4 + 6 = ☐
☐ + ☐ = ☐

c. 6 + 5 = ☐
☐ + ☐ = ☐

d. 8 + 7 = ☐
☐ + ☐ = ☐

e. 8 + 10 = ☐
☐ + ☐ = ☐

f. 10 + 9 = ☐
☐ + ☐ = ☐

Avanza

a. Escribe una ecuación de dobles que tenga un total mayor que 20.   ☐ + ☐ = ☐

b. Luego utiliza este total conocido para escribir cuatro ecuaciones de casi dobles.

☐ + ☐ = ☐   ☐ + ☐ = ☐

☐ + ☐ = ☐   ☐ + ☐ = ☐

2.12 Suma: Reforzando estrategias (contar hacia delante y dobles)

Conoce

¿Qué operación básica de suma correspondiente escribirías para cada dominó?

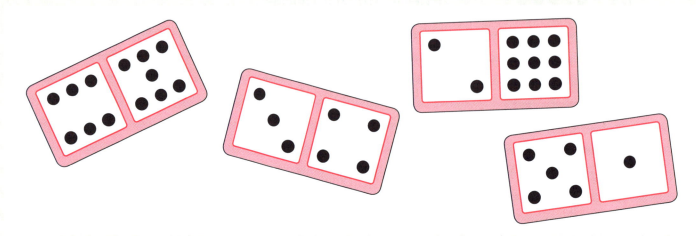

Encierra el dominó que indica 3 + 4.

¿Cómo calcularías el total?
¿Cuáles son algunas estrategias que podrías utilizar?

Yo sé que el doble de 3 es 6, entonces 3 + 4 es uno más.

Yo contaría hacia delante desde cuatro. Eso es 4... 5, 6, 7.

¿Qué hay de los otros dominós?
¿Qué estrategia podrías utilizar para calcular cada total?

Comparte un problema verbal que corresponda a cada dominó.

Intensifica

1. Escribe cada total. Luego escribe **D** en las operaciones básicas que resolviste pensando en dobles.

a. 6 + 2 =

b. 7 + 7 =

c. 8 + 6 =

d. 8 + 9 =

e. 8 + 3 =

f. 5 + 2 =

2. Resuelve cada problema. Indica tu razonamiento.

a. Lisa cuenta 8 adhesivos en su libro de trabajo. Deon tiene un adhesivo más que Lisa. ¿Cuántos adhesivos tienen en total?

_____ adhesivos

b. Jamal y Trina vendieron 13 boletos en total. Jamal vendió 7 boletos. ¿Cuántos boletos vendió Trina?

_____ boletos

c. Hunter tiene 9 tarjetas de animales en su colección. Él tiene 3 tarjetas menos que Megan. ¿Cuántas tarjetas tiene Megan?

_____ tarjetas

d. Unos amigos están en el parque. Llegan 5 más. Ahora hay 11 amigos en total. ¿Cuántos ya estaban en el parque antes?

_____ amigos

Avanza Escribe un problema verbal que podrías resolver pensando en una operación básica de dobles.

_____
_____
_____
_____

2.12 Reforzando conceptos y destrezas

Piensa y resuelve

Escribe estos números en la historia de debajo de manera que esta tenga sentido. Cada número solo se puede utilizar una vez.

| 6 | 12 | 10 | 5 |

Daniel es el mayor. Él tiene casi ____ años.

Jayden tiene la mitad de la edad de Daniel. Él solo tiene ____ años.

Jude tiene ____ años y está en el grado ____.

Palabras en acción

Escribe un problema verbal de suma que resolverías utilizando la estrategia de dobles. Puedes utilizar palabras de la lista como ayuda.

suma
número
cuántos
total
uno más
doble
dos más

_____
_____
_____
_____
_____
_____
_____

Práctica continua

1. Escribe el número de cubos. Luego colorea el ○ junto a las palabras que mejor describan la masa del juguete.

a.

b.

○ más de _____ cubos   ○ más de _____ cubos

○ menos de _____ cubos   ○ menos de _____ cubos

○ equilibra _____ cubos   ○ equilibra _____ cubos

2. Escribe la operación básica de dobles que te ayudaría. Luego completa la operación básica de **casi dobles**.

a.  Puedo utilizar doble ☐ _____ . $5 + 6 =$ ☐

b. 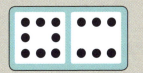 Puedo utilizar doble ☐ _____ . $8 + 6 =$ ☐

Prepárate para el módulo 3 — Dibuja más contadores. Luego escribe los números correspondientes.

a. Dibuja 4 más.   b. Dibuja 6 más.

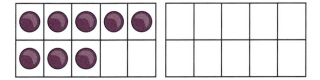   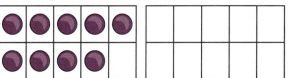

observa → ☐ + ☐   observa → ☐ + ☐

piensa → ☐ + ☐   piensa → ☐ + ☐

Espacio de trabajo

3.1 Número: Representando números de tres dígitos (con ceros)

Conoce ¿Qué número indica esta imagen de bloques?

¿Cómo lo sabes?

¿Cómo podrías escribir el número en este expansor?

¿Qué significa el cero?
¿Dices el valor de las decenas cuando lees el número?

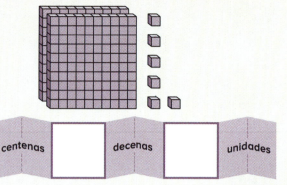

Doscientos seis. No dices el cero cuando lees el número en voz alta.

¿Qué significa el cero en cada uno de estos números?

| 20 | 105 | 60 | 140 | 507 | 230 |

Intensifica

1. Colorea los bloques de manera que correspondan al número en el expansor.

a.  5 centenas 0 decenas 2 unidades

b. 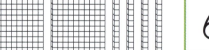 6 centenas 0 decenas 9 unidades

c. 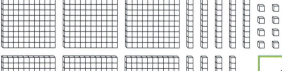 3 centenas 5 decenas 0 unidades

2. Observa los bloques. Escribe el número correspondiente en los expansores.

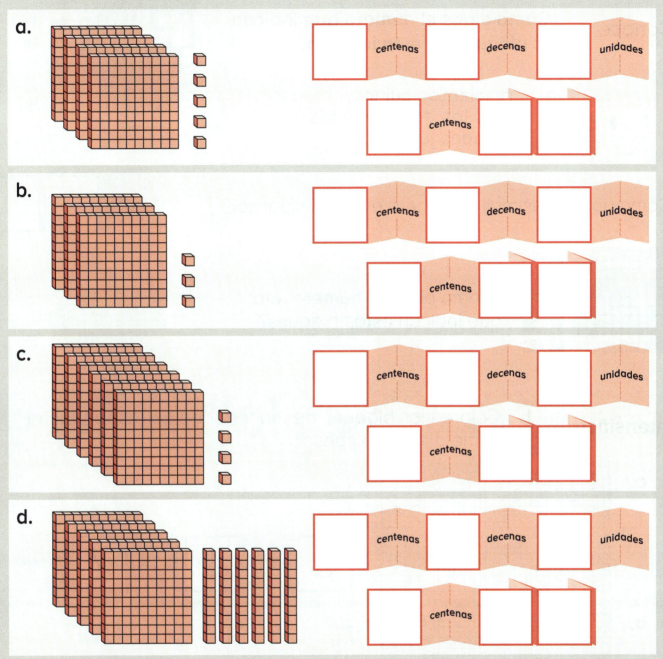

Avanza — Utiliza **solo** estos dígitos para escribir todos los números de dos **y** tres dígitos que puedas. Los dígitos se pueden utilizar más de una vez.

0
1 2

3.2 Número: Representando números de tres dígitos (con números con una sola decena y ceros)

Conoce

¿Cómo dirías el número que indican los bloques en esta imagen?

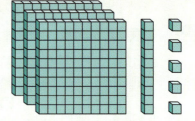

Trescientos quince.
Dices las decenas y las unidades juntas.

¿Cómo podrías escribir el número en este expansor?

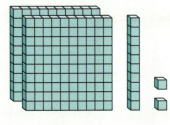

¿Cómo dices el número total que indican estos bloques?

Intensifica

1. Colorea los bloques de manera que correspondan al número en el expansor.

a.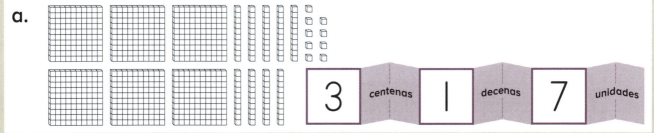

3 centenas 1 decenas 7 unidades

b.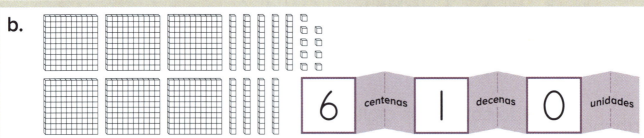

6 centenas 1 decenas 0 unidades

c.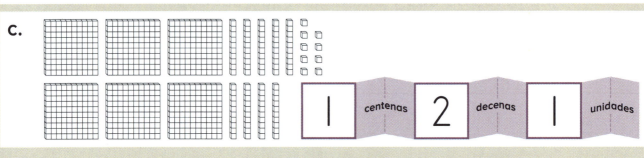

1 centenas 2 decenas 1 unidades

2. Observa los bloques. Escribe el número correspondiente en los expansores.

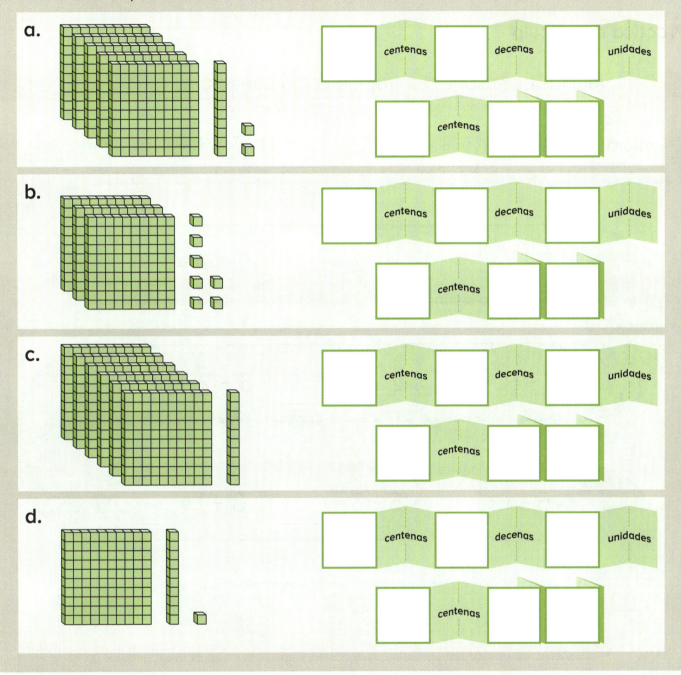

Avanza — Calcula el número que indican estos bloques. Escribe el número en el expansor.

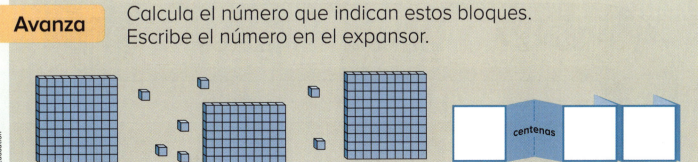

3.2 Reforzando conceptos y destrezas

Práctica de cálculo

★ Completa las ecuaciones tan rápido como puedas.

inicio

18 − 9 = ☐   4 − 3 = ☐   7 − 1 = ☐

7 − 7 = ☐   6 − 2 = ☐   9 − 7 = ☐

8 − 4 = ☐   12 − 3 = ☐   8 − 2 = ☐

5 − 1 = ☐   15 − 8 = ☐   3 − 1 = ☐

9 − 5 = ☐   13 − 7 = ☐   9 − 3 = ☐

10 − 2 = ☐   17 − 8 = ☐   12 − 5 = ☐

11 − 2 = ☐   12 − 6 = ☐   **meta**

Práctica continua

1. Traza una línea desde cada número hasta su posición en la recta numérica.

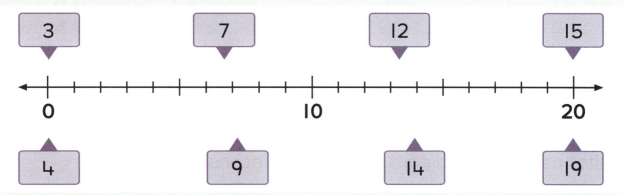

2. Observa los bloques. Escribe el número correspondiente en los expansores.

a.
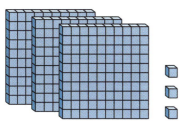
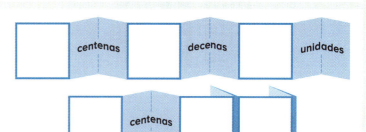

b.
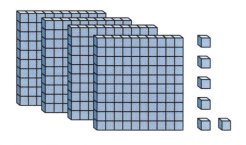

Prepárate para el módulo 4

Escribe las respuestas. Dibuja saltos en la cinta numerada como ayuda.

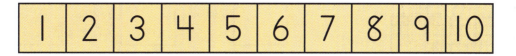

a. 4 − 1 =

b. 10 − 2 =

c. 7 − 2 =

3.3 Número: Escribiendo números de tres dígitos y nombres de números

Conoce ¿Qué número indica esta imagen de bloques?

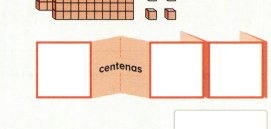

¿Cómo lo sabes?

Escribe el número en el expansor.

¿Cómo escribirías el número sin el expansor?
¿Necesitas escribir el cero para describir las decenas? ¿Por qué?

¿Cómo escribirías el número con palabras?

Intensifica

1. Observa los bloques. Escribe los números correspondientes en los expansores.

a.

b.

c.

2. Observa el el expansor. Escribe el número correspondiente y luego escribe el nombre del número.

a.

_____

b.

_____

c.

_____

d.

_____

Avanza   Escribe un número que corresponda a cada descripción.

a. cuatro centenas cero decenas tres unidades	b. ocho centenas cuatro unidades una decena	c. siete decenas nueve unidades dos centenas

3.4 Número: Escribiendo números de tres dígitos de manera expandida

Conoce ¿Qué número indica cada tipo de bloque en esta imagen?

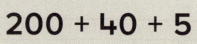

Carter escribe esto para indicar el valor de cada tipo de bloque.

$$200 + 40 + 5$$

Carter ha escrito el número de **manera expandida**.

Lee el número en el expansor.

¿Qué valor representa cada dígito?

Completa la ecuación para indicar el número escrito de manera expandida.

$405 = \underline{} + \underline{} + \underline{}$

Intensifica

1. Observa los bloques. Escribe el número correspondiente en el expansor. Luego escribe el número de manera expandida.

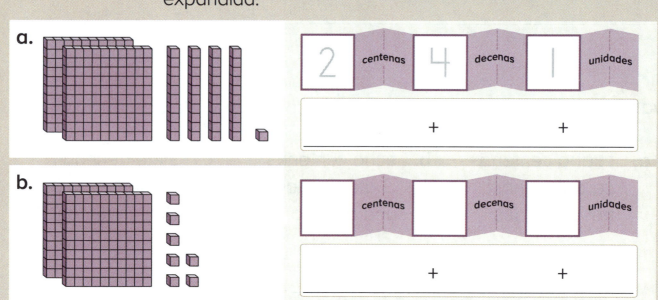

2. Escribe cada número de manera expandida.

a.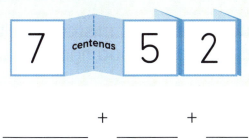

_____ + _____ + _____

b.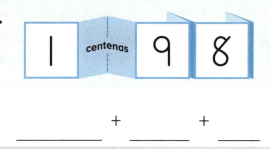

_____ + _____ + _____

c.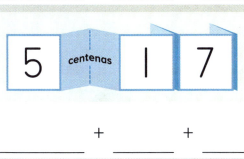

_____ + _____ + _____

d.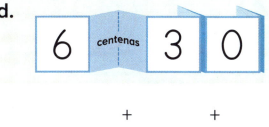

_____ + _____ + _____

3. Escribe cada número de manera expandida.

a. 428 = ☐ + ☐ + ☐

b. 299 = ☐ + ☐ + ☐

c. 912 = ☐ + ☐ + ☐

d. 680 = ☐ + ☐ + ☐

Avanza En cada expansor, escribe el número que ha sido expandido.

a. 500 + 10 + 4

b. 800 + 90

c. 600 + 2

d. 100 + 20 + 6

3.4 Reforzando conceptos y destrezas

Piensa y resuelve Las figuras iguales pesan lo mismo. Escribe el valor que falta dentro de cada figura.

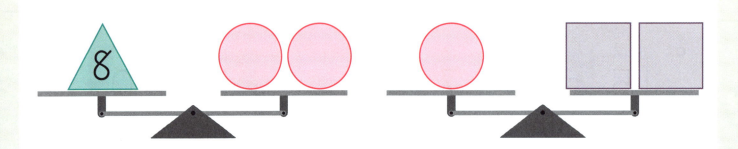

Encierra la figura más pesada.

Palabras en acción Escribe acerca de las maneras diferentes de indicar el número 257. Puedes utilizar palabras de la lista como ayuda.

expansor
forma expandida
centenas
decenas
unidades
bloques
palabras
numeral

Práctica continua

1. Escribe la **decena** más cercana a cada número. Puedes utilizar la recta numérica como ayuda.

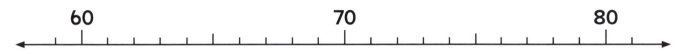

 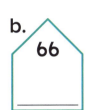 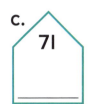 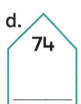 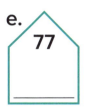

2. Observa los bloques. Escribe el número correspondiente en los expansores.

a.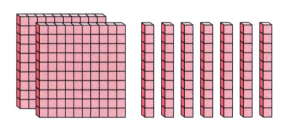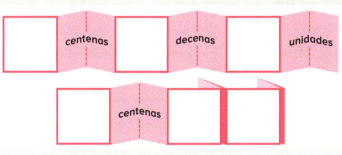

b.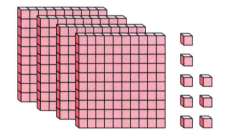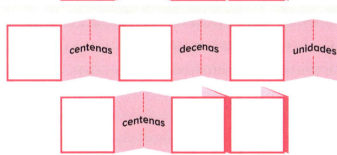

Prepárate para el módulo 4

Dibuja puntos para calcular la parte que falta. Luego completa las operaciones básicas correspondientes.

a. 8 puntos en total

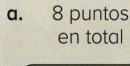

$8 - 3 = \boxed{}$

piensa

$3 + \boxed{} = 8$

b. 9 puntos en total

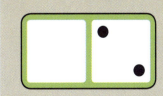

$9 - 2 = \boxed{}$

piensa

$2 + \boxed{} = 9$

3.5 Número: Identificando números de tres dígitos en una recta numérica

Conoce Esta recta numérica indica pasos de 100 desde cero.

Comienza en cero y cuenta de cien en cien.
Escribe los números que dices debajo de las marcas de la recta numérica.

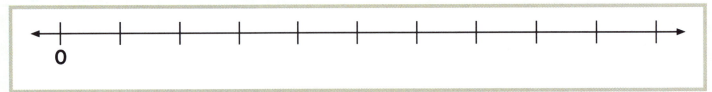

¿Qué número escribiste en la última marca de la recta numérica?
¿Qué sabes acerca de ese número?

¿Hay más de o menos de 1,000 asientos en el auditorio de tu escuela?

¿Hay más de o menos de 1,000 estudiantes en tu escuela?

¿Con qué otros números podrías rotular esta recta numérica? ¿Cómo lo sabes?

La recta numérica de arriba es útil para indicar números tales como 400 o 750. La misma recta numérica se puede partir en secciones más pequeñas para indicar números tales como 273 o 618.

¿Cuáles números podrías indicar en esta recta numérica?

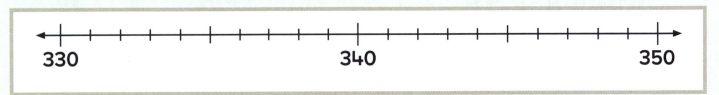

Intensifica

1. Observa cuidadosamente la recta numérica. Luego escribe el número correspondiente debajo de cada marca.

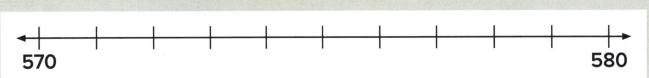

Escribe el número que debería estar en la posición que indica cada flecha.

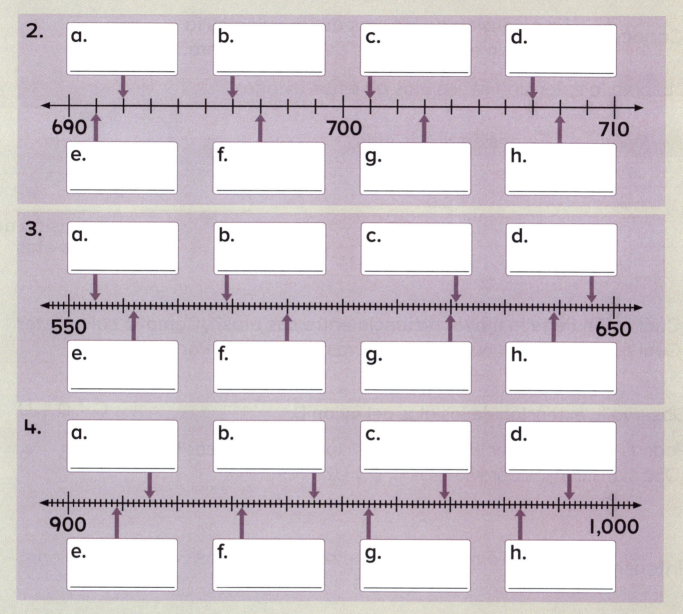

Avanza Escribe el número al que **podría** estar apuntando cada flecha.

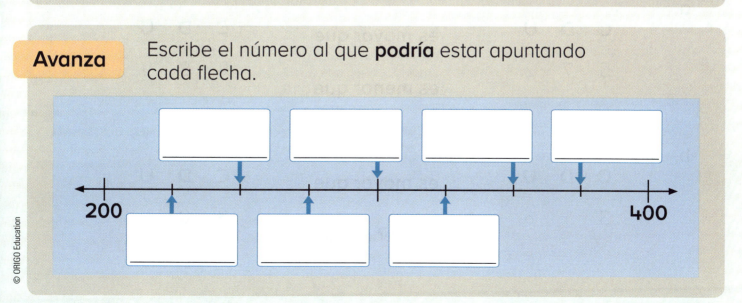

3.6 Número: Comparando números de tres dígitos

Conoce

La extensión de las alas de un avión es la distancia entre sus alas de punta a punta.

Observa la extensión de las alas de estos aviones.

Avión	Extensión de las alas
A	214 pies
B	199 pies
C	147 pies
D	156 pies

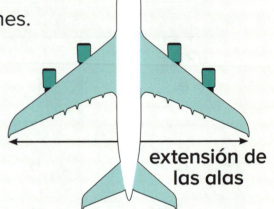
extensión de las alas

¿Cuál avión tiene la mayor distancia entre sus alas? ¿Cómo la calculaste?
¿Cuál posición de los números observaste primero? ¿Por qué?

Observa la extensión de las alas del avión D.

Podrías utilizar esta tabla de valor posicional para indicar 156.
¿Qué significan las abreviaturas C, D y U?

C	D	U
1	5	6

Intensifica

1. Compara los números en las tablas de valor posicional. Encierra las palabras verdaderas.

a.

C	D	U
5	7	2

es mayor que

es menor que

C	D	U
4	8	9

b.

C	D	U
3	1	6

es mayor que

es menor que

C	D	U
3	0	6

2. Escribe **es mayor que** o **es menor que** para hacer declaraciones verdaderas.

a. 478 _____ 485

b. 374 _____ 347

c. 126 _____ 129

d. 531 _____ 530

3. Escribe **<**, **=**, o **>** para describir cómo se relacionan los números.

a. 643 ◯ 657   b. 980 ◯ 916   c. 264 ◯ 238

d. 520 ◯ 502   e. 385 ◯ 538   f. 102 ◯ 93

4. Encierra los números de abajo que son **menores que** 432.

| 334 | 428 | 516 | 471 | 465 | 601 | 359 |

5. Encierra los números de abajo que son **mayores que** 674.

| 658 | 713 | 476 | 830 | 592 | 564 | 828 |

Avanza Utiliza **tres** dígitos cualquiera de estos. Escribe el número que corresponda a cada descripción.

1, 9, 5, 6

a. Un número que sea un poco más de 500 _____

b. Un número que sea un poco menos de 600 _____

c. Un número que esté más cerca de 900 que de 1,000 _____

3.6 Reforzando conceptos y destrezas

Práctica de cálculo ¿Qué mascota se esconde en el rompecabezas?

★ Escribe todos los totales.
★ Luego encuentra los totales en la imagen de abajo y colorea esas partes de anaranjado.
★ Colorea las otras partes de azul.

25 + 1 =	7 + 2 =	38 + 3 =
3 + 59 =	1 + 18 =	2 + 29 =
6 + 1 =	46 + 3 =	53 + 1 =
2 + 69 =	37 + 2 =	9 + 1 =
19 + 3 =	3 + 27 =	49 + 2 =
47 + 1 =	1 + 34 =	2 + 16 =

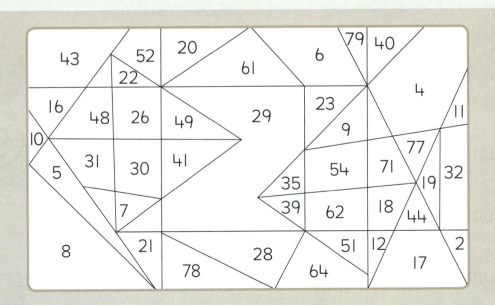

Práctica continua

1. Escribe cada hora con palabras.

a.

_____

_____

b.

_____

_____

2. Escribe el número que debería estar en la posición que indica cada flecha.

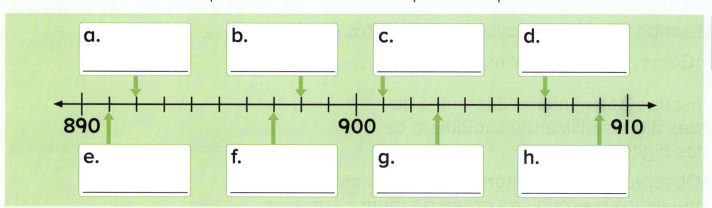

Prepárate para el módulo 4

Colorea los animales para indicar dos grupos. Luego escribe la operación básica de suma y de resta que correspondan a cada imagen.

a.

b.

3.7 Número: Comparando para ordenar números de tres dígitos

Conoce Observa la tarjeta de puntaje de cada juego.

JUEGO 1 — PUNTOS
Riku 452
William 524
Wendell 254

JUEGO 2 — PUNTOS
Alicia 368
Morgan 386
Grace 380

¿Quién ganó cada juego? ¿Cómo lo sabes?
¿Cuál posición en los números observaste primero?
¿Cuál posición observaste después?

Utiliza cualquiera de estos tres dígitos.

Escribe el número mayor de tres dígitos posible. ⬜

¿Cómo decidiste cuál número escribir?

Escribe dos números diferentes de tres dígitos utilizando cualquiera de los dígitos de arriba. ⬜ ⬜

Observa los tres números que escribiste.
Vuélvelos a escribir en orden de **menor** a **mayor**.

⬜ ⬜ ⬜

¿Cómo calculaste cómo ordenarlos?

Intensifica

1. Para cada tarjeta de puntaje, escribe los puntajes para el 1.er, 2.º y 3.er lugar. Gana el equipo con el mayor puntaje.

a.
Osos 379
Anguilas 385
Halcones 368

⬜ ⬜ ⬜
1.er   2.º   3.er

b.
Guardabosques 223
Reyes 218
Roqueros 231

⬜ ⬜ ⬜
1.er   2.º   3.er

2. Escribe los puntajes para el 1.er, 2.º, 3.er y último lugar. Gana el equipo con el mayor puntaje.

a.
Águilas	381
Tigres	308
Halcones	380
Tiburones	318

___ ___ ___ ___
1.er 2.º 3.er Último

b.
Focas	499
Cocodrilos	419
Mantarrayas	491
Serpientes	409

___ ___ ___ ___
1.er 2.º 3.er Último

c.
Toros	212
Gallos	221
Potrillos	210
Carneros	220

___ ___ ___ ___
1.er 2.º 3.er Último

d.
Demoledores	890
Arietes	809
Tornados	980
Corceles	819

___ ___ ___ ___
1.er 2.º 3.er Último

e.
Destructores	459
Azotadores	495
Petardos	517
Voladores	509

___ ___ ___ ___
1.er 2.º 3.er Último

f.
Cometas	179
Dinamiteros	212
Cohetes	197
Calcinadores	206

___ ___ ___ ___
1.er 2.º 3.er Último

Avanza

a. Escribe los **seis** diferentes números de tres dígitos que sean posibles.

(5) (9) (8)

_____

b. Escribe tus números en orden de **mayor** a **menor**.

_____

3.8 Número: Resolviendo acertijos numéricos (números de tres dígitos)

Conoce   Esta tabla numérica inicia en 401 y termina en 500.

¿Qué números están cubiertos?
¿Cómo lo sabes?

Conté de diez en diez para calcular los números que faltan.

401	402	403	404	405	406	407	408	409	410
411	412	413	414	415	416	417	418	419	420
421	422	423	424	425	426	427	428	429	430
431	432	433	434	435	436	437	438	439	440
441	442	443	444	445	446	447	448	449	450
451				455	456	457	458	459	460
46						467	468	469	470
47					476	477	478	479	480
					486	487	488	489	490
					496	497	498	499	500

Lee este acertijo numérico.

Estoy entre el 400 y el 450.
Mi número tiene 2 decenas.
Dices mi número cuando inicias en 400 y cuentas de 10 en 10.

Colorea la tabla numérica para indicar la respuesta.

Intensifica   1. Escribe el número que es **10 mayor** o **10 menor**.

10 menor						
	470	424	162	856	515	319
10 mayor						

2. Escribe el número que es **100 mayor** o **100 menor**.

100 menor						
	432	480	283	389	612	109
100 mayor						

3. Resuelve estos acertijos númericos.

a. Estoy entre el 750 y el 800.
Mi número tiene 4 unidades.
Los dígitos en las posiciones de mis decenas y mis centenas son iguales. _____

b. Soy menor que 750.
Dices mi número si inicias en 712 y cuentas de 10 en 10. Tengo el mismo número de decenas y unidades. _____

701	702	703	704	705	706	707	708	709	710
711	712	713	714	715	716	717	718	719	720
721	722	723	724	725	726	727	728	729	730
731	732	733	734	735	736	737	738	739	740
741	742	743	744	745				749	750
751	752	753	754	755					
761	762	763	764						770
771	772	773							780
781	782	783	784					789	790
791	792	793	794	795				799	800

c. Soy mayor que 730 y menor que 800. Mi número tiene 0 unidades. Los dígitos en las posiciones de mis decenas y mis centenas son iguales. _____

d. Estoy entre el 750 y el 800.
Mi número tiene 8 decenas.
Dices mi número si inicias en 758 y cuentas de 10 en 10. _____

4. Trata de resolver estos acertijos numéricos sin utilizar una tabla numérica.

a. Estoy entre el 200 y el 250. Dices mi número cuando inicias en 150 y cuentas de 10 en 10. Los dígitos en las posiciones de mis centenas y decenas son iguales. _____

b. Mi número es mayor que 300 pero menor que 400. Tiene 0 decenas. Dices mi número si inicias en 290 y cuentas de 5 en 5. _____

Avanza

Piensa en un número menor que 500. Luego escribe tres pistas acerca de tu número.

_____
_____
_____

3.8 Reforzando conceptos y destrezas

Piensa y resuelve Estas cuentas hacen una cadena. Jane repite estas cuentas para hacer algunas cadenas más.

a. Ella utiliza 8 ⬤ y ____ ▢.

b. Ella hace ____ cadenas.

c. Ella necesitará ____  si utiliza 30 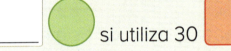.

Palabras en acción

a. Escribe un número de tres dígitos. ☐

b. Escribe tres pistas para tu número. Puedes utilizar palabras de la lista como ayuda.

| pasos de |
| mayor que |
| centenas |
| decenas |
| unidades |
| contar |
| menos |

Práctica continua

1. Escribe cada hora con palabras.

a.

___

___

b.

___

___

c.

___

___

d.

___

___

e.

___

___

f.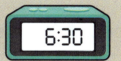

___

___

2. a. Utiliza solo estos dígitos. Escribe **todos** los diferentes números de tres dígitos que sean posibles.

b. Escribe tus números en orden de **mayor** a **menor**.

Prepárate para el módulo 4

Colorea los objetos que sean cerca de la misma longitud que este tren de cubos.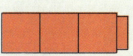

 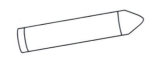 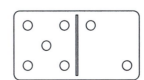

3.9 Suma: Repasando la estrategia de hacer diez

Conoce Observa este marco de diez y los contadores.

¿Cómo podrías calcular el numero total de contadores sin contarlos de uno en uno?

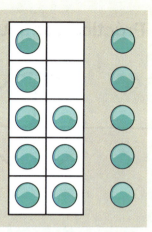

Es fácil trabajar con el diez, por eso yo sumaría 2 y luego 3 más, lo cual es 13.

¿Qué otros números podrías sumar de esta manera?

Intensifica

1. Completa estas ecuaciones.

a. $9 + 1 + 4 =$ ____

b. $8 + 2 + 1 =$ ____

c. $7 + 3 + 4 =$ ____

d. $2 + 8 + 5 =$ ____

e. $1 + 9 + 5 =$ ____

f. $2 + 8 + 7 =$ ____

2. Dibuja más contadores para calcular el total. Luego escribe el total. Recuerda llenar primero un marco de diez.

a. $9 + 5 =$ ____

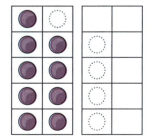

b. $8 + 6 =$ ____

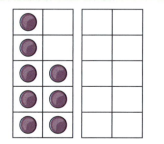

c. $7 + 5 =$ ____

3. Utiliza la estrategia de hacer diez para calcular el total. Luego escribe dos operaciones básicas correspondientes.

a. [9 | 6 dots]

___ + ___ = ___

___ + ___ = ___

b. [8 | 4 dots]

___ + ___ = ___

___ + ___ = ___

c. [4 dots | 9]

___ + ___ = ___

___ + ___ = ___

d. [7 | 6 dots]

___ + ___ = ___

___ + ___ = ___

e. [8 | 9 dots]

___ + ___ = ___

___ + ___ = ___

f. [3 | 9 dots]

___ + ___ = ___

___ + ___ = ___

4. Calcula el total. Luego escribe la operación conmutativa básica.

a. 7 + 4 = ☐

☐ + ☐ = ☐

b. 9 + 7 = ☐

☐ + ☐ = ☐

c. 7 + 8 = ☐

☐ + ☐ = ☐

Avanza   Completa estas ecuaciones.

a. 18 + 2 + 1 = ☐

b. 1 + 19 + 5 = ☐

c. 3 + 17 + ☐ = 24

d. 1 + 19 + 3 = ☐

e. 17 + 3 + 6 = ☐

f. 18 + ☐ + 3 = 23

3.10 Suma: Reforzando la estrategia de hacer diez

Conoce ¿Cómo podrías calcular el costo total del sombrero y el bloqueador solar?

Podrías iniciar en 9 y contar de uno en uno.

Jie utiliza el marco de diez para calcular el total.

¿Cómo le ayuda el marco de diez a Jie a calcular el total?

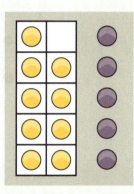

Puedo llenar el marco para hacer diez. Es mucho más fácil calcular 10 + 4 que 9 + 5.

¿Qué razonamiento utilizarías para calcular 8 + 6?

Intensifica

1. Escribe la ecuación de hacer diez que utilizarías para calcular cada total.

a.
observa → 9 + 3
piensa → ☐ + ☐ = ☐

b.
observa → 8 + 5
piensa → ☐ + ☐ = ☐

c.
observa → 8 + 3
piensa → ☐ + ☐ = ☐

d.
observa → 9 + 6
piensa → ☐ + ☐ = ☐

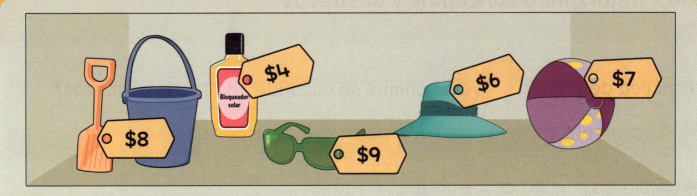

2. Utiliza los precios de arriba para calcula el costo total de los artículos de abajo.

a.
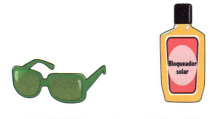
$____ + $____ = $_____

b.

$____ + $____ = $_____

c.

$____ + $____ = $_____

d.

$____ + $____ = $_____

Avanza Amplía la estrategia de hacer diez para calcular 19 + 7.

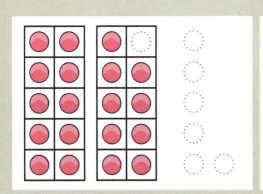

observa →  19 + 7

piensa → ____ + ____ = ____

3.10 Reforzando conceptos y destrezas

Práctica de cálculo ¿Qué animal se esconde en el rompecabezas?

★ Escribe el total para cada operación numérica básica.
★ Encuentra cada total en la imagen y colorea la parte de amarillo.
★ Colorea el resto de las partes de verde.

8 + 2 =	2 + 5 =	8 + 7 =
3 + 1 =	7 + 9 =	4 + 2 =
4 + 9 =	5 + 4 =	9 + 5 =
6 + 5 =	1 + 2 =	3 + 2 =
9 + 8 =	5 + 7 =	7 + 1 =

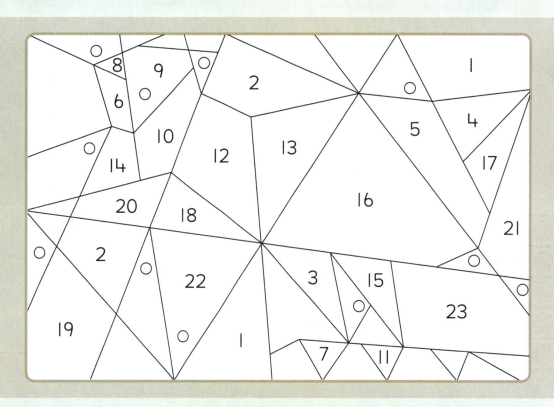

Práctica continua

1. Colorea el ○ junto a cuatro declaraciones que describan este objeto.

○ Puede rodar.
○ Se puede apilar.
○ Todas sus superficies son planas.
○ No puede rodar.
○ Todas sus superficies son curvas.
○ Tiene 5 superficies.

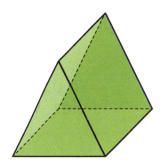

2. Dibuja más contadores para calcular el total. Luego escribe el total. Recuerda llenar primero el marco de diez.

a. 9 + 4 = ☐

b. 8 + 5 = ☐

c. 7 + 6 = ☐

Prepárate para el módulo 4

Observa el camino de hormigas. Escribe cuántas hormigas de largo mide cada lápiz.

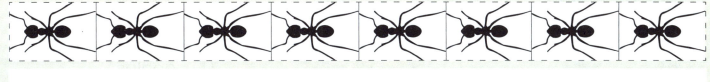

____ hormigas

____ hormigas

____ hormigas

3.11 Suma: Trabajando con todas las estrategias

Conoce ¿Qué operación básica de suma escribirías que corresponda a este dominó?

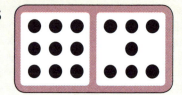

¿Cómo calcularías el número total de puntos?
¿Qué estrategia podrías utilizar?

Yo utilizaría la estrategia de hacer diez. Veo 9 + 7 y pienso 10 + 6.

Contar hacia delante es demasiado lento. Yo utilizaría un doble.

Encierra el dominó que indica una operación básica de suma que resolverías contando hacia delante.

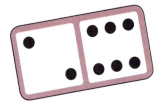  

¿Qué otras operaciones básicas de suma resolverías utilizando la estrategia de contar hacia delante?

Intensifica

1. Escribe cada total. Luego escribe **C**, **D** o **H** en cada círculo para indicar la estrategia que utilizaste para calcular el total.

a. ○ 8 + 3 =
b. ○ 6 + 5 =

Ⓒ contar hacia delante
Ⓓ dobles
Ⓗ hacer diez

c. ○ 1 + 7 =
d. ○ 9 + 9 =
e. ○ 0 + 4 =
f. ○ 9 + 3 =
g. ○ 7 + 8 =

2. Resuelve cada problema. Indica tu razonamiento.

a. Hay algunos niños en la piscina. 5 más saltan a la piscina. Ahora hay 12 niños en la piscina. ¿Cuántos niños había en la piscina antes?

_____ niños

b. Hay solo 8 personas en el cine. Llegan algunas personas más. Ahora hay 17 personas. ¿Cuántas personas acaban de llegar?

_____ personas

c. John ha leído 4 páginas de su libro. Paige ha leído 9 páginas más que John pero 2 menos que Susan. ¿Cuántas páginas ha leído Susan?

_____ páginas

d. Hay 16 bailarines en la clase. Hay dos grupos, y un grupo tiene 2 bailarines más que el otro. ¿Cuántos bailarines hay en cada grupo?

_____ bailarines   _____ bailarines

Avanza — Lee el problema. Luego colorea la tarjeta para indicar el razonamiento que utilizarías para resolver el problema.

Hoy Karen hizo 7 llamadas desde su teléfono celular. Ella hizo 4 llamadas menos que el día anterior. ¿Cuántas llamadas hizo ella el día anterior?

$7 - 4 = \boxed{}$

$4 + \boxed{} = 7$

$7 + 4 = \boxed{}$

$7 - \boxed{} = 4$

3.12 Suma: Desarrollando el dominio de las operaciones básicas

Conoce ¿Qué notas en este rompecabezas numérico?

¿Cómo calcularías el número que falta?

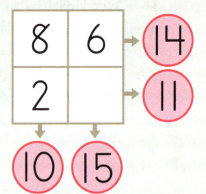

El número dentro del círculo dice el total de cada columna o fila. Pude calcular el número que falta pensando 2 + ___ = 11, o 6 + ___ = 15.

¿Cómo calcularías los números que faltan en este rompecabezas?

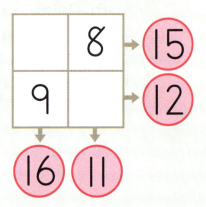

Intensifica

1. Escribe los números que faltan para completar cada ecuación.

a. $8 + 3 =$ ☐

b. ☐ $+ 6 = 11$

c. $3 +$ ☐ $= 12$

d. ☐ $= 9 + 9$

e. $17 =$ ☐ $+ 8$

f. ☐ $+ 8 = 14$

g. $10 = 7 +$ ☐

h. $9 =$ ☐ $+ 0$

i. $6 + 6 =$ ☐

j. ☐ $+$ ☐ $= 15$

k. $10 = 2 +$ ☐

l. $13 =$ ☐ $+$ ☐

2. Suma los dos números de cada fila y escribe el total en el círculo correspondiente. Luego suma los dos números en cada columna y escribe el total en el círculo correspondiente.

a.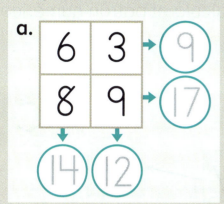
b.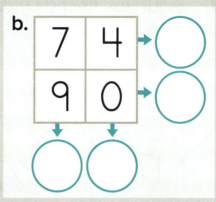
c.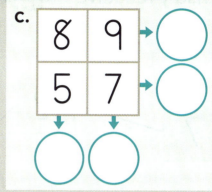

3. Escribe los números que faltan para completar estos rompecabezas.

a.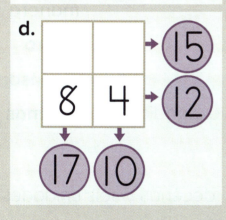
b.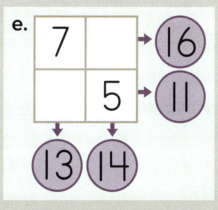
c.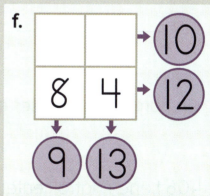

d.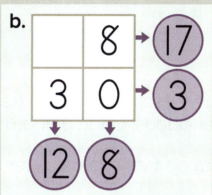
e.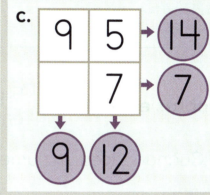
f.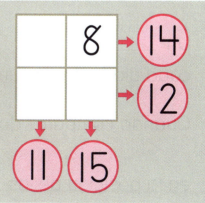

Avanza

Escribe los tres números que faltan para completar estos rompecabezas.

3.12 Reforzando conceptos y destrezas

Piensa y resuelve Sigue las flechas y calcula el patrón numérico.

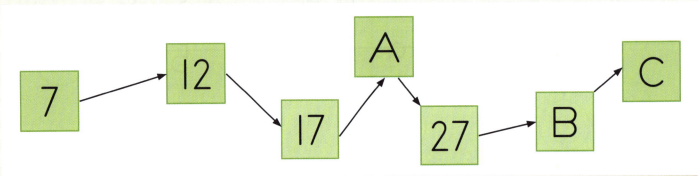

Escribe los números que faltan.

A = ☐   B = ☐   C = ☐

Palabras en acción Elige y escribe palabras de la lista para completar estos enunciados. Cada palabra se debe utilizar solo una vez.

a. Cuando dices un número de tres dígitos, dices las ☐ y las unidades juntas.

b. Un número puede ser escrito de ☐ expandida.

c. 406 tiene cuatro centenas, ☐ decenas y seis unidades.

d. Un ☐ se utiliza para indicar el valor de cada dígito de un número.

e. Cuando comparas dos números de tres dígitos, primero miras el dígito en la posición de las ☐.

Lista:
- centenas
- manera
- cero
- expansor
- decenas

Práctica continua

1. Observa estas imágenes.

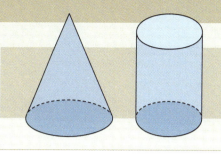

¿En qué se parecen los objetos?

_____
_____

2. Resuelve cada problema. Indica tu razonamiento.

a. Ramón compra 12 adhesivos. 5 adhesivos son de pájaros y el resto son de autos. ¿Cuántos adhesivos de autos compró Ramón?

b. Liam atrapó 4 peces. Julia atrapó 2 peces más que Liam. ¿Cuántos peces atrapó Julia?

☐ adhesivos de autos

☐ peces

Prepárate para el módulo 4

Observa el tren de cubos. Dibuja un lápiz que mida entre 3 y 5 cubos de largo.

Espacio de trabajo

4.1 Resta: Repasando conceptos

Conoce ¿Qué historia de resta podrías decir acerca de esta imagen?

¿Cuáles números son las partes en tu historia?

¿Cuál número es el total en tu historia?

¿Qué historia de resta podrías decir acerca de estos ratones?

¿Cuáles números son las partes en esta historia?

¿Cuál número es el total en tu historia?

¿Qué ecuaciones de resta podrías escribir para cada historia?

¿Cómo sabes qué escribir?

Intensifica

1. Escribe números que correspondan a la imagen. Luego completa la ecuación.

Había ☐ manzanas en la mesa.

Alguien se comió ☐ manzanas.

Quedan ☐ manzanas enteras.

☐ − ☐ = ☐

2. Resuelve cada problema. Indica tu razonamiento.

a. Natalie tiene 8 tarjetas intercambiables. Ella le da 3 a su hermano. ¿Cuántas tarjetas le quedan a Natalie?

_____ tarjetas

b. Hay 7 camisas. 3 de ellas tienen mangas cortas y el resto tiene mangas largas. ¿Cuántas camisas tienen mangas largas?

_____ camisas

c. Hay 5 cuentas en una caja. hay 2 cuentas en la mesa. ¿Cuántas cuentas más hay en la caja que en la mesa?

_____ cuentas

d. Hay algunos libros en un estante. Dwane toma 4 de los libros. Queda un libro en el estante. ¿Cuántos libros hay en total?

_____ libros

Avanza

Gloria tiene $9. ¿Cuáles **dos** juguetes puede comprar de manera que le sobren $5?

$2 $4 $2 $3

_____ y _____

4.2 Resta: Repasando la estrategia de contar hacia atrás

Conoce Hay 11 libros en un estante.

Si Terri toma tres libros del estante, ¿cuántos quedarán en el estante?

Puedo contar hacia atrás para calcular la respuesta.

Inicio en 11... uno menos son 10... uno menos son 9... uno menos son 8..., entonces quedarán 8 libros.

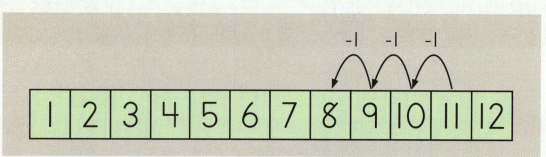

En lugar de contar hacia atrás de uno en uno, ¿qué otros saltos puedes hacer?

Intensifica

1. Dibuja los saltos correspondientes a cada ecuación en la cinta numerada.

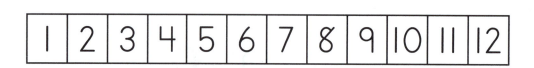

a. $6 - 2 = 4$

b. $9 - 1 = 8$

c. $12 - 2 = 10$

2. Escribe la ecuación correspondiente a lo que se indica en cada cinta numerada.

a.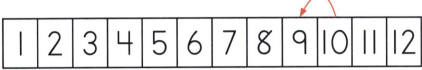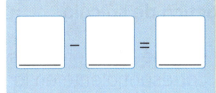

b.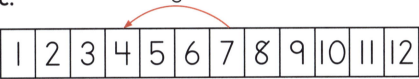

c.

-3

| 1 | 2 | 3 | 4 | 5 | 6 | 7 | 8 | 9 | 10 | 11 | 12 |

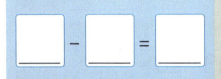

3. Completa cada ecuación. Puedes utilizar la cinta numerada como ayuda.

| 1 | 2 | 3 | 4 | 5 | 6 | 7 | 8 | 9 | 10 | 11 | 12 |

a. $5 - 1 = \underline{}$

b. $8 - 3 = \underline{}$

c. $11 - 2 = \underline{}$

Avanza

Escribe los números que faltan para completar ecuaciones verdaderas vertical y horizontalmente.

4.2 Reforzando conceptos y destrezas

Práctica de cálculo — ¿Qué es blanco y negro y hace un ruido muy fuerte?

★ Escribe las diferencias. Luego escribe cada letra arriba de la diferencia correspondiente en la parte inferior de la página.

47 − 10 = ___ **i**	54 − 20 = ___ **c**	33 − 10 = ___ **a**
68 − 20 = ___ **s**	71 − 30 = ___ **b**	85 − 10 = ___ **g**
49 − 20 = ___ **e**	37 − 10 = ___ **n**	62 − 30 = ___ **t**
59 − 20 = ___ **o**	75 − 20 = ___ **u**	94 − 30 = ___ **r**
80 − 10 = ___ **p**	41 − 10 = ___ **m**	58 − 30 = ___ **d**

Algunas letras se repiten.

Fila 1: ___ ___   ___ ___ ___ ___ **ü** ___ ___ ___
55 27   70 37 27 75   37 27 39

Fila 2: ___ ___ ___ ___ ___ ___
32 39 34 23 27 28 39

Fila 3: ___ ___ ___ ___ ___ ___ ___ ___
32 23 31 41 39 64 29 48

Práctica continua

1. Colorea bloques de manera que correspondan al número en el expansor.

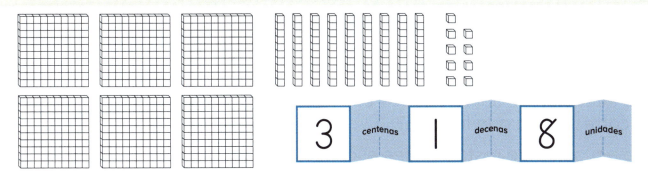

2. Escribe los números que correspondan a la imagen. Luego completa la ecuación.

a.

Hay ___ pájaros.

___ pájaros se van volando.

Quedan ___ pájaros en la cerca.

___ − ___ = ___

Prepárate para el módulo 5

Escribe los totales. Utiliza la tabla numérica como ayuda.

a. 52 + 1 =

b. 47 + 10 =

c. 68 + 2 =

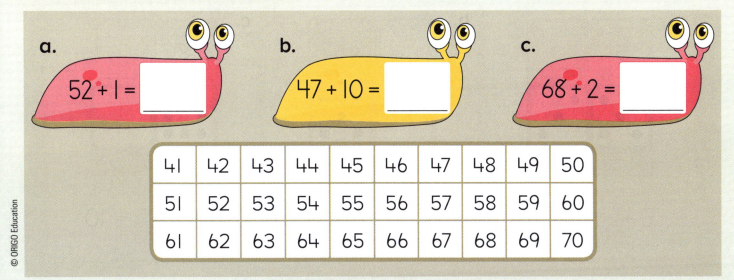

4.3 Resta: Repasando la estrategia de pensar en suma (operaciones básicas de contar hacia delante)

Conoce

Lillian tiene nueve animales de juguete.

Siete son animales de granja y el resto son dinosaurios. ¿Cuántos juguetes son dinosaurios?

¿Qué ecuación de suma puedes escribir que corresponda a la historia?

¿Qué ecuación de resta puedes escribir?

Podría escribir 7 + ? = 9 para indicarla como una suma.
Podría escribir 9 − ? = 7 o 9 − 7 = ? para indicarla como una resta.
El número desconocido es el mismo para todas las ecuaciones.

La tarjeta a la derecha indica la historia de los juguetes de Lillian de una manera diferente.

El número en la parte de abajo indica el número total de juguetes.

Escribe el número que falta en la parte de arriba.

Intensifica

1. Escribe el número que falta y dibuja los puntos correspondientes en cada tarjeta. Luego completa las operaciones básicas de suma.

a.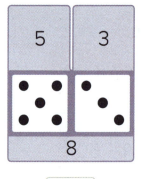

5 + ☐ = 8

b.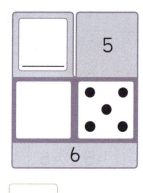

☐ + 5 = 6

c.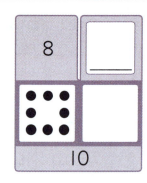

8 + ☐ = 10

2. Calcula cuántos puntos están cubiertos. Luego escribe las ecuaciones correspondientes.

a. 11 puntos en total

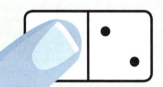

☐ + ☐ = ☐
☐ − ☐ = ☐

b. 7 puntos en total

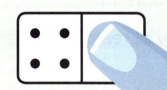

☐ + ☐ = ☐
☐ − ☐ = ☐

c. 9 puntos en total

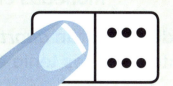

☐ + ☐ = ☐
☐ − ☐ = ☐

d. 8 puntos en total

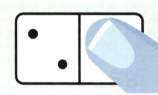

☐ + ☐ = ☐
☐ − ☐ = ☐

e. 5 puntos en total

☐ + ☐ = ☐
☐ − ☐ = ☐

f. 10 puntos en total

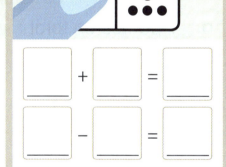

☐ + ☐ = ☐
☐ − ☐ = ☐

Avanza Resuelve este problema. Indica tu razonamiento en la página 156.

La mamá de Ben le da algo de dinero cada tarde. El lunes él recibe un *nickel*. El martes él recibe 2 *nickels*. El miércoles él recibe 3. El jueves él recibe 4.

Cada tarde, después de que Ben recibe los *nickels*, él le da uno a su hermanito y guarda el resto.

¿Cuántos *nickels* guardó Ben en total?

☐ _____ nickels

4.4 Resta: Reforzando la estrategia de pensar en suma (operaciones básicas de contar hacia delante)

Conoce

Reece fue a la tienda con diez monedas en el bolsillo.

Siete de ellas eran *quarters* y el resto eran *pennies*. ¿Cuántos *pennies* tenía él?

¿Qué información en la historia te ayuda a calcular la respuesta? ¿Qué información no te ayuda?

¿Qué operaciones básicas de suma podrías escribir que correspondan a la historia?

¿Qué operaciones básicas de resta podrías escribir que correspondan a la historia?

Intensifica

1. Escribe las dos operaciones básicas de resta que correspondan a cada dominó.

a. 7 puntos en total

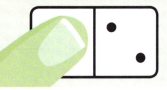

☐ − ☐ = ☐

☐ − ☐ = ☐

b. 10 puntos en total

☐ − ☐ = ☐

☐ − ☐ = ☐

c. 6 puntos en total

☐ − ☐ = ☐

☐ − ☐ = ☐

d. 9 puntos en total

☐ − ☐ = ☐

☐ − ☐ = ☐

e. 12 puntos en total

☐ − ☐ = ☐

☐ − ☐ = ☐

f. 11 puntos en total

☐ − ☐ = ☐

☐ − ☐ = ☐

2. Escribe la operación básica de resta que corresponda a cada problema. Utiliza **?** para indicar la cantidad desconocida. No es necesario resolver el problema.

a. Había 8 DVD. Tomé algunos y quedaron 5. ¿Cuántos DVDs tomé?

☐ − ☐ = ☐

b. Hay una taza con 4 cubos de hielo. 2 de los cubos se derriten completamente. ¿Cuántos cubos quedan?

☐ − ☐ = ☐

c. Hay 12 conchas en la playa. 9 están enteras y el resto están quebradas. ¿Cuántas están quebradas?

☐ − ☐ = ☐

d. Hay 2 manzanas más que naranjas. Hay 7 manzanas. ¿Cuántas naranjas hay?

☐ − ☐ = ☐

3. Resuelve cada problema. Indica tu razonamiento.

a. Ruth compró algunas plántulas. Ella plantó 2 y quedaron 5. ¿Cuántas plántulas compró ella?

_____ plántulas

b. Hay 12 bayas en un plato. Maka toma 10 y luego regresa 3 al plato. ¿Cuántas bayas quedan en el plato?

_____ bayas

Avanza

Resuelve el problema. Indica tu razonamiento en la página 156.

A Selena sus padres le dan $2 cada semana. A Rubén le dan $1 una semana y $3 la siguiente semana. Él recibe dinero de la misma manera cada dos semanas.

¿Quién tendrá más dinero después de 7 semanas? _____

ORIGO Stepping Stones • 2.º grado • 4.4

4.4 Reforzando conceptos y destrezas

Piensa y resuelve

Solo te puedes mover en esta dirección ⟶ o esta ↑.

•⟶ es 1 unidad.

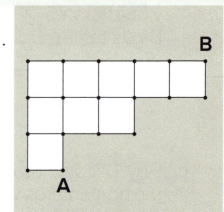

¿Cuántas unidades hay en el camino más corto desde **A** hasta **B**?

Palabras en acción   Escribe un problema verbal de resta que resolverías utilizando la estrategia de pensar en suma.

_____
_____
_____
_____
_____
_____
_____

Escribe las ecuaciones de suma y de resta que correspondan a tu problema.

Práctica continua

1. Escribe el número del expansor de manera expandida.

a.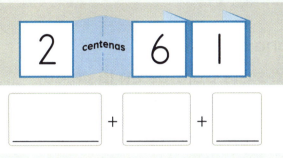

☐ + ☐ + ☐

b.

☐ + ☐ + ☐

2. Calcula cuántos puntos están cubiertos. Luego escribe las operaciones básicas correspondientes.

a. 12 puntos en total

☐ + ☐ = ☐

☐ − ☐ = ☐

b. 8 puntos en total

☐ + ☐ = ☐

☐ − ☐ = ☐

c. 11 puntos en total

☐ + ☐ = ☐

☐ − ☐ = ☐

Prepárate para el módulo 5

a. Escribe todos los números de dos dígitos que dices cuando inicias en 0 y cuentas de 10 en 10.

b. Escribe todos los números de dos dígitos que dices cuando inicias en 5 y cuentas de 5 en 5.

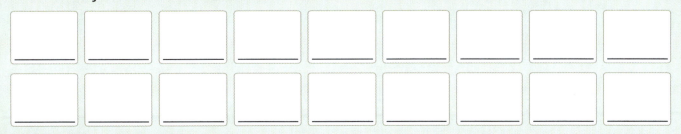

4.5 Resta: Escribiendo familias de operaciones básicas (operaciones básicas de contar hacia delante)

Conoce

Rita escribió dos historias que corresponden a esta imagen.

Historia de suma

Hay cinco pájaros en una cerca y dos en el aire. Hay siete en total.

Historia de resta

Había siete pájaros en la cerca. Dos se fueron, entonces quedan cinco.

En cada historia el total es 7 y las partes son 5 y 2.

¿Qué operaciones básicas de suma y de resta puedes escribir con todos los tres números?

☐ + ☐ = ☐   ☐ + ☐ = ☐
☐ − ☐ = ☐   ☐ − ☐ = ☐

Las cuatro operaciones básicas con las mismas partes y los mismos totales hacen una **familia de operaciones básicas**.

Intensifica

1. Escribe las dos operaciones básicas de suma que correspondan a cada imagen. Luego escribe las dos de resta correspondientes.

a.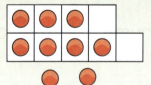

___ + ___ = 9

___ + ___ = 9

9 − ___ = ___

9 − ___ = ___

b.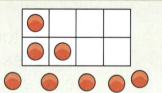

___ + ___ = ___

___ + ___ = ___

___ − ___ = ___

___ − ___ = ___

c.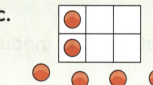

___ + ___ = ___

___ + ___ = ___

___ − ___ = ___

___ − ___ = ___

2. Colorea de rojo el **total** de cada operación básica.
Luego colorea las **dos partes** de azul.

a. 2 + 3 = 5   b. 8 = 7 + 1   c. 10 − 1 = 9

d. 7 − 3 = 4   e. 6 = 0 + 6   f. 7 + 3 = 10

3. En cada familia de operaciones básicas, tacha una operación que **no pertenezca** a la familia de operaciones básicas.

a.	b.	c.	d.
2 + 1 = 3	11 − 3 = 8	6 − 2 = 4	9 + 3 = 12
3 − 1 = 2	11 − 8 = 3	4 + 6 = 10	9 − 3 = 6
1 + 2 = 3	8 + 11 = 19	4 + 2 = 6	9 − 6 = 3
3 + 2 = 5	3 + 8 = 11	2 + 4 = 6	3 + 6 = 9
3 − 2 = 1	8 + 3 = 11	6 − 4 = 2	6 + 3 = 9

4. Utiliza el mismo color para indicar las operaciones numéricas básicas que pertenecen a la misma familia de operaciones básicas.

| 7 − 6 = 1 | 2 + 6 = 8 | 6 + 1 = 7 | 8 − 6 = 2 | 8 − 1 = 7 |
| 7 + 1 = 8 | 7 − 1 = 6 | 10 − 2 = 8 | 1 + 7 = 8 | 8 − 2 = 6 |

Avanza   Escribe las ecuaciones que faltan para completar estas familias.

a. 11 + 2 = 13   b. 3 + 15 = 18   c. 14 + 1 = 15

___ + ___ = ___   ___ + ___ = ___   ___ + ___ = ___

___ − ___ = ___   ___ − ___ = ___   ___ − ___ = ___

___ − ___ = ___   ___ − ___ = ___   ___ − ___ = ___

4.6 Longitud: Midiendo con unidades no estándares uniformes

Conoce

Vishaya utilizó cubos para medir la longitud de este lápiz. Ella dijo que medía 5 cubos de largo.

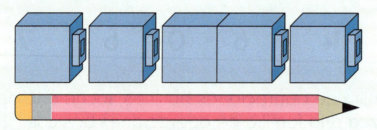

¿Es exacta su medida? ¿Cómo lo sabes?

¿Cómo utilizarías los cubos para medir el lápiz?

Yo uniría los cubos de manera que no haya espacios o superposiciones entre ellos.

¿Es el lápiz más largo o más corto que 5 cubos? ¿Cómo lo sabes?

Intensifica

1. Haz un tren con 5 cubos. Colorea los lápices que midan entre 4 y 6 cubos de largo.

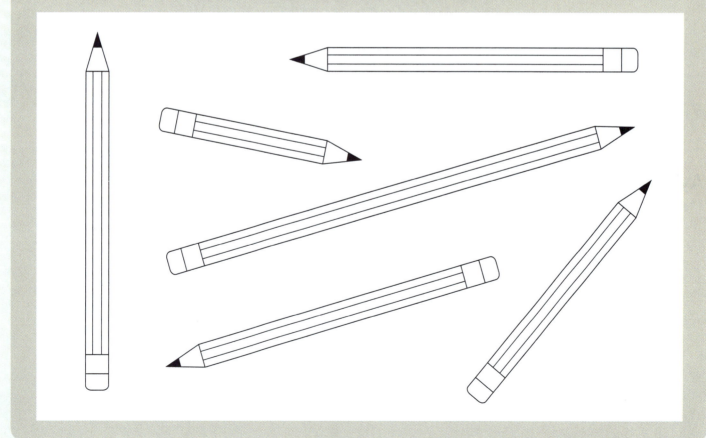

2. Mide la longitud de cada lápiz utilizando cubos. Escribe el número.

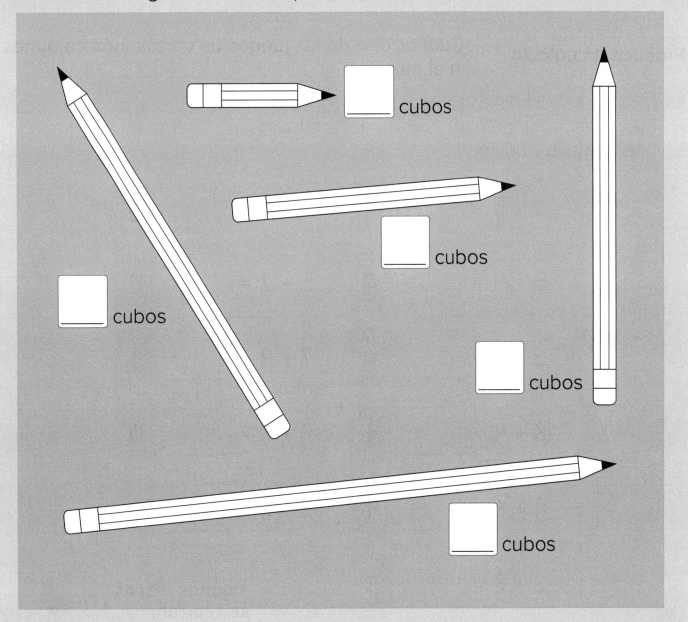

| Avanza | Utiliza cubos como ayuda para dibujar un lápiz que mida **entre** 5 y 7 cubos de largo. |

4.6 Reforzando conceptos y destrezas

Práctica de cálculo ¿Cuál es uno de los juegos de cartas más comunes en el mundo?

★ Escribe todos los totales.
★ Luego escribe cada letra arriba del total correspondiente en la parte inferior de la página.

3 + 5 = ___ o   7 + 6 = ___ e

5 + 9 = ___ a   5 + 2 = ___ r

3 + 7 = ___ c   7 + 9 = ___ l

8 + 4 = ___ t   9 + 8 = ___ n

9 + 6 = ___ i   6 + 3 = ___ s

3 + 8 = ___ p

Algunas letras se repiten.

Práctica continua

1. Escribe <, =, o > para completar enunciados verdaderos.

a. 303 ◯ 330	b. 521 ◯ 512	c. 630 ◯ 630

2. Escribe dos operaciones básicas de suma que correspondan a cada imagen. Luego escribe dos operaciones de resta correspondientes.

a.

___ + ___ = 9

___ + ___ = 9

9 - ___ = ___

9 - ___ = ___

b.

___ + ___ = ___

___ + ___ = ___

___ - ___ = ___

___ - ___ = ___

c.

___ + ___ = ___

___ + ___ = ___

___ - ___ = ___

___ - ___ = ___

Prepárate para el módulo 5

Escribe la ecuación de hacer diez que utilizarías para calcular cada total.

a. observa: 9 + 4
   piensa: ☐ + ☐ = ☐

b. observa: 8 + 6
   piensa: ☐ + ☐ = ☐

c. observa: 7 + 5
   piensa: ☐ + ☐ = ☐

d. observa: 9 + 7
   piensa: ☐ + ☐ = ☐

4.7 Longitud: Introduciendo la pulgada como medida

Conoce ¿Qué sabes acerca de la pulgada?

Mi papá dijo que su zapato mide como 10 pulgadas de largo.

En la tienda venden emparedados de 6 pulgadas.

¿Qué cosas crees que miden cerca de una pulgada de largo, una pulgada de ancho y una pulgada de grueso?

Algunos libros miden como una pulgada de grueso.

Este bloque de patrón mide una pulgada de largo y una de ancho.

Utiliza un bloque de patrón para encontrar algunas cosas del salón de clases que midan una pulgada.

Intensifica

1. Utiliza tu regla de pulgadas para medir la longitud de cada objeto.

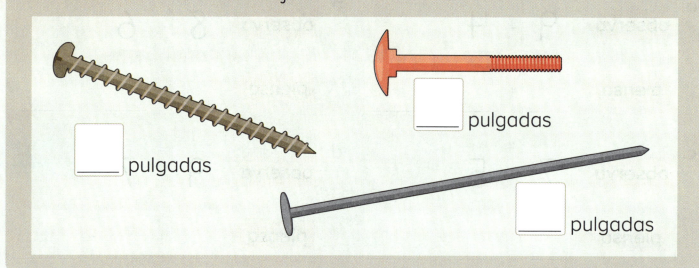

____ pulgadas

____ pulgadas

____ pulgadas

2. Estima la longitud de cada imagen primero. Utiliza tu regla de pulgadas para medir la longitud de cada herramienta.

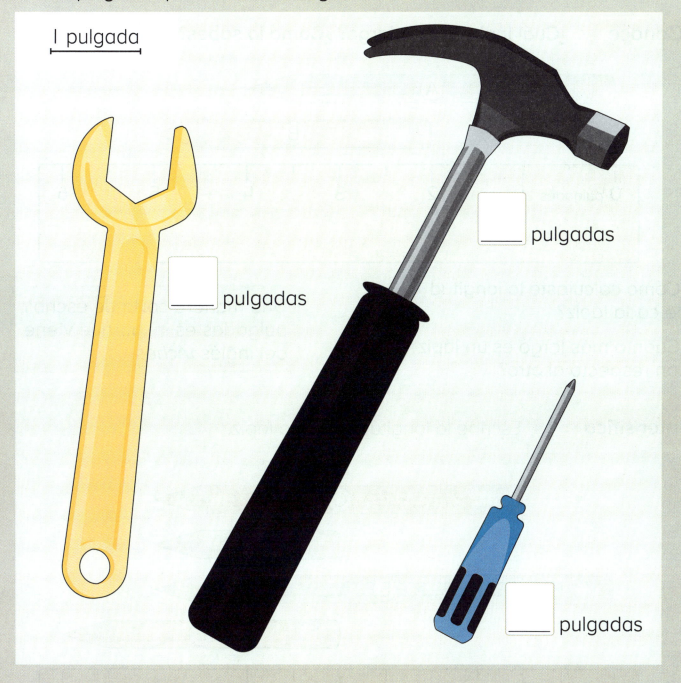

| **Avanza** | Los clavos vienen en diferentes formas y tamaños. Dibuja un clavo que mida **entre** 3 y 4 pulgadas de largo. |

4.8 Longitud: Midiendo en pulgadas

Conoce ¿Cuál lápiz es más largo? ¿Cómo lo sabes?

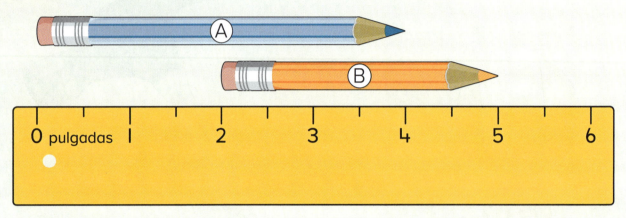

¿Cómo calculaste la longitud de cada lápiz?

¿Cuánto más largo es un lápiz con respecto al otro?

Una manera corta de escribir pulgadas es **in**, porque viene del inglés *inches*.

Intensifica 1. Escribe la longitud de cada lápiz.

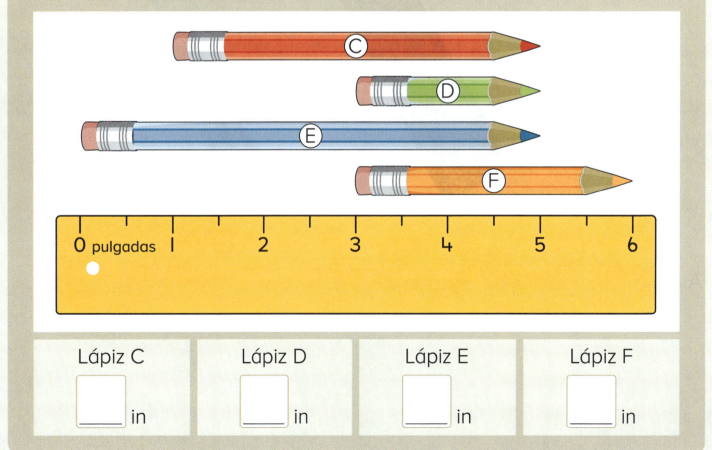

Lápiz C ___ in Lápiz D ___ in Lápiz E ___ in Lápiz F ___ in

2. Escribe **más largo** o **más corto** para completar cada enunciado. Utiliza la información de la pregunta 1 como ayuda.

a. El lápiz F es _____ que el lápiz E.

b. El lápiz D es _____ que el lápiz F.

c. El lápiz C es _____ que el lápiz F.

d. El lápiz E es _____ que el lápiz C.

e. El lápiz E es _____ que los lápices C y D juntos.

3. Observa los lápices de abajo.

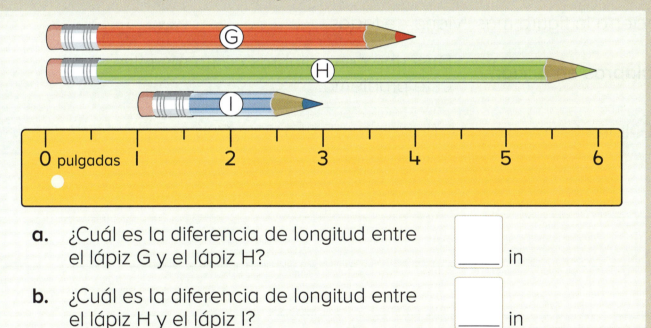

a. ¿Cuál es la diferencia de longitud entre el lápiz G y el lápiz H? ____ in

b. ¿Cuál es la diferencia de longitud entre el lápiz H y el lápiz I? ____ in

Avanza

Observa los cuatro lápices de la pregunta 1. Escribe las letras que indican los lápices en orden del lápiz **más corto** al **más largo**.

4.8 Reforzando conceptos y destrezas

Piensa y resuelve Las figuras iguales pesan lo mismo. Escribe el valor que falta dentro de cada figura.

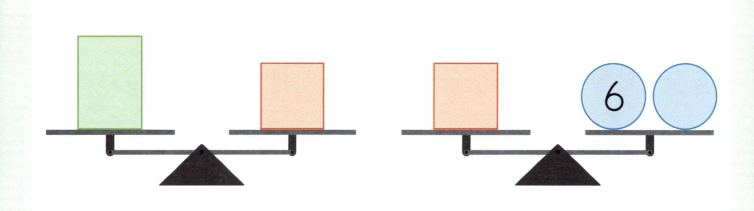

Encierra la figura más liviana de todas.

Palabras en acción Describe con palabras cómo resuelves este problema.

Felipe atrapa 18 peces. Él regresa 15 al agua. ¿Cuántos peces se deja?

Práctica continua

1. Resuelve estos problemas. Piensa en los números en una tabla de cien como ayuda.

   a. Estoy entre el 200 y el 240. El dígito en la posición de mis centenas es el mismo que el dígito en la posición de mis decenas. Me dices cuando inicias en 200 y cuentas de 10 en 10.

   b. Estoy entre el 270 y el 300. El dígito en la posición de mis unidades es el mismo que el dígito en la posición de mis decenas. Tengo 9 unidades.

2. Utiliza tu regla para medir la longitud de cada lápiz. Colorea el lápiz que mide 4 pulgadas de largo.

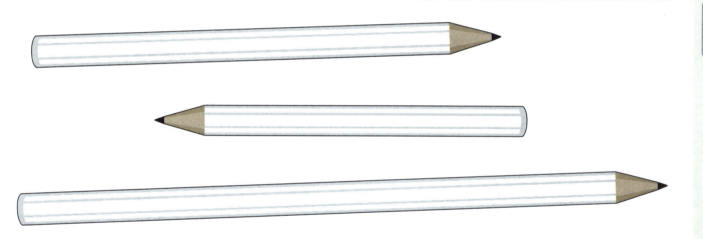

Prepárate para el módulo 5

Suma los dos grupos. Escribe la ecuación correspondiente. Utiliza bloques como ayuda.

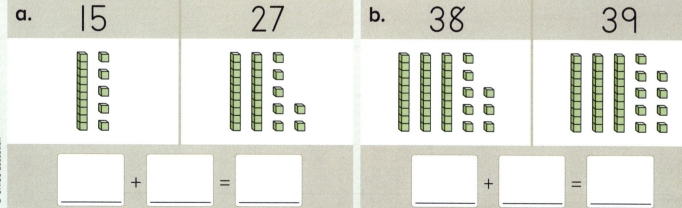

a. 15   27

☐ + ☐ = ☐

b. 38   39

☐ + ☐ = ☐

4.9 Longitud: Introduciendo el pie como medida

Conoce ¿Qué sabes acerca de la unidad de medida llamada pie?

¿Qué tan larga piensas que es?

El **pie** fue una vez utilizado para describir la longitud del pie de un hombre.

Imagina que mides la longitud de tu salón de clases utilizando tus pies.

¿Obtendrías la misma medida que tu profesor? Explica tu razonamiento.

Hoy en día, el pie es una longitud estándar. Las reglas usualmente miden un pie de longitud.
Utiliza bloques de patrón anaranjados para medir el largo de tu regla.

¿Qué notas?

¿Cómo podrías describir un pie?

Un pie es la misma longitud que 12 pulgadas.

¿Qué objetos en tu casa podrían medir aproximadamente un pie de largo, un pie de ancho o un pie de grueso?

| Una cuchara de madera mide alrededor de 1 pie de largo. | Un libro grande podría medir 1 pie de ancho. | Algunos colchones miden alrededor de 1 pie de grueso. |

Intensifica

1. Observa alrededor del salón de clases. Luego escribe los nombres de algunos objetos que medirías en pies.

2. Elige tres objetos de tu salón de clases que crees miden más de un pie de largo o de alto.

a. Escribe el nombre de cada objeto y estima la longitud o la altura.

Objeto	Mi estimado
A	cerca de _____ pies
B	cerca de _____ pies
C	cerca de _____ pies

b. Tu profesor te ayudará a hacer una cinta de medir. Utiliza la cinta para medir tus objetos. Luego escribe abajo las longitudes o alturas reales.

El objeto A mide cerca de _____ pies.

El objeto B mide cerca de _____ pies.

El objeto C mide cerca de _____ pies.

Avanza

Completa la tabla. Luego escribe cómo encontraste los números que faltan.

Pies	Pulgadas
1	12
2	24
3	36
4	
5	

4.10 Longitud: Trabajando con pies y pulgadas

Conoce

¿Cuántas pulgadas equivalen a un pie?

¿Cuántas pulgadas equivalen a dos pies? ¿Cómo lo sabes?

¿Cuántas pulgadas más que un pie mide esta planta?

¿Cuántas pulgadas más necesitaría crecer esta planta para medir dos pies de alto?

15 pulgadas

 Podría decir que la planta mide 1 pie y 3 pulgadas de alto.

Intensifica

1. Esta tabla indica la altura de cuatro plantas.

Planta	Altura
Narciso	17 pulgadas
Violeta	8 pulgadas
Margarita	15 pulgadas
Caléndula	19 pulgadas

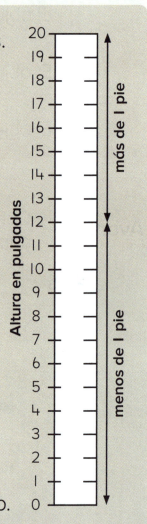

Completa estos enunciados.
Utiliza la escala a la derecha como ayuda.

a. El narciso mide ___ pie y ___ pulgadas de alto.

b. La margarita mide ___ pie y ___ pulgadas de alto.

c. La caléndula mide ___ pie y ___ pulgadas de alto

d. La violeta mide ___ pulgadas menos que un pie de alto.

2. Resuelve cada problema. Indica tu razonamiento.

a. Una zanahoria pequeña mide 3 pulgadas de largo. Un pepino mide 9 pulgadas. ¿Cuánto más corta es la zanahoria?

☐ in

b. La manguera verde es 6 pies más corta que la morada. La manguera verde mide 9 pies de largo. ¿Qué tan larga es la manguera morada?

☐ ft

c. La planta de Morgan es 2 pulgadas más baja que la de Jamar. La planta de Jamar mide 11 pulgadas de alto. ¿Qué tan alta es la planta de Morgan?

☐ in

d. Se colocan dos postes en el suelo unidos por uno de sus extremos. Su largo total es 13 pies. ¿Qué tan largo podrá ser cada poste?

1.er ☐ ft   2.º ☐ ft

e. Un granjero midió la altura de una planta de maíz, la cual fue 9 pulgadas. Él la midió de nuevo una semana más tarde y ésta es ahora 5 pulgadas más alta. ¿Cuánto más alta que un pie es ahora?

☐ in

Avanza

Escribe estas longitudes en orden de la **más corta** a la **más larga**.

| 17 in | 1 ft 6 in | 14 in | 1 ft 3 in |

_____   _____   _____   _____

4.10 Reforzando conceptos y destrezas

Práctica de cálculo

★ Escribe todos los totales.
★ Traza una línea desde cada astronauta hasta el total correspondiente.

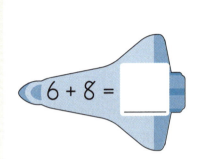
6 + 8 =

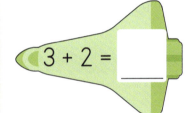
3 + 2 =

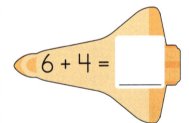
6 + 4 =

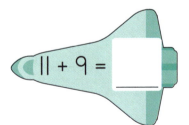
11 + 9 =

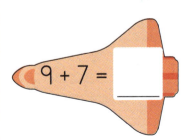
9 + 7 =

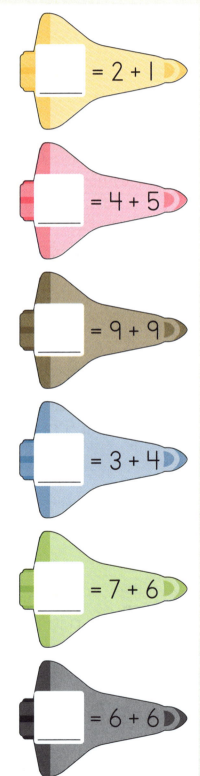
= 2 + 1
= 4 + 5
= 9 + 9
= 3 + 4
= 7 + 6
= 6 + 6

Práctica continua

1. Colorea de rojo una parte de cada tira. Luego colorea la tira que indica **un medio** en rojo.

2. Escribe el nombre de algunos objetos de tu casa que medirías en pies.

Prepárate para el módulo 5

Calcula el número de puntos que están cubiertos. Luego completa las operaciones básicas.

a. 9 − 4 = ___

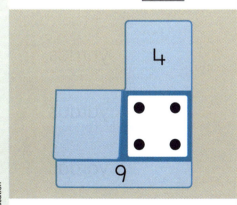

4 + ___ = 9

b. 12 − 5 = ___

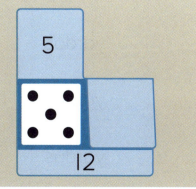

5 + ___ = 12

c. 16 − 9 = ___

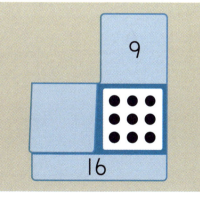

9 + ___ = 16

4.11 Longitud: Introduciendo la yarda como medida

Conoce

¿Cómo podrías medir cosas tales como una pista de deportes o un edificio?

Observa la regla de medición de yardas de tu salón de clases.

¿Qué notas?

¿Qué tan larga es una yarda?

¿Cuántos pies equivalen a una yarda?

¿Cómo podrías calcular el número de pulgadas que equivalen a una yarda?

¿Qué cosas podrían medir cerca de una yarda de largo, una yarda de ancho o una yarda de grueso?

Un bate de béisbol mide casi 1 yarda de largo.

Una puerta mide cerca de 1 yarda de ancho.

Un árbol grande podría medir 1 yarda de grueso.

Intensifica

1. Tu profesor te mostrará algunos trozos de cuerda. Escribe tu estimado de cada cuerda. Tu profesor te ayudará a medir la longitud real.

Cuerda	Mi estimado	Longitud real
A	yardas	yardas
B	yardas	yardas
C	yardas	yardas
D	yardas	yardas

2. Escribe el nombre de un objeto que crees podría corresponder a cada medida.

a. 2 yardas _____

b. 5 yardas _____

c. 10 yardas _____

d. 50 yardas _____

3. Mide cada longitud.

a. El salón de clases mide cerca de ☐ yardas de **largo**.

b. El salón de clases mide cerca de ☐ yardas de **ancho**.

c. La biblioteca mide cerca de ☐ yardas de **largo**.

d. La biblioteca mide cerca de ☐ yardas de **ancho**.

Avanza Completa la tabla. Luego escribe cómo encontraste los números que faltaban.

Yardas	Pies
1	3
2	6
3	9
4	
5	
10	

4.12 Longitud: Trabajando con unidades tradicionales

Conoce Piensa en las unidades de medida pulgadas, pies y yardas.

¿Qué tipo de cosas sería **más** útil medir en pulgadas?

¿Qué tipo de cosas sería **menos** útil medir en pulgadas?

¿Cuál unidad sería mejor utilizar? ¿Por qué?

Una manera corta de escribir pies es ft, porque viene del inglés feet.
Una manera corta de escribir yardas es yd.

Intensifica

1. Escribe **pulgadas**, **pies** o **yardas** para indicar cómo medirías lo siguiente.

   a. lapicero _____   b. pista de carreras _____

   c. pizarra _____   d. teléfono celular _____

   e. edificio _____   f. estatura de un adulto _____

2. Identifica cuatro objetos en tu salón de clases que crees medirían entre 1 y 2 yardas de largo. Escribe sus nombres abajo.

   a. objeto A _____

   b. objeto B _____

   c. objeto C _____

   d. objeto D _____

3. Mide la longitud de tus objetos en pulgadas.

A mide ☐ in   B mide ☐ in   C mide ☐ in   D mide ☐ in

4. Mide la longitud de tus objetos en pies.

A mide ☐ ft   B mide ☐ ft   C mide ☐ ft   D mide ☐ ft

5. Observa tus respuestas en las preguntas 3 y 4. ¿Por qué cada objeto tiene un número menor de pies que de pulgadas?

_____
_____
_____
_____

Avanza   Resuelve este problema. Indica tu razonamiento.

Sammy Snail y Bindi Beetle están a 12 pulgadas de distancia de frente uno al otro. Si Sammy se mueve hacia delante una pulgada, Bindi se moverá 2 pulgadas hacia delante. ¿Cuántas pulgadas hacia delante se tiene que mover Sammy de manera que él y Bindi junten sus narices?

☐ in

4.12 Reforzando conceptos y destrezas

Piensa y resuelve

Este mapa indica una ruta de autobús. Traza sobre las líneas con color rojo para indicar el viaje **más corto** entre Redcliffe y Monto. Escribe el tiempo total.

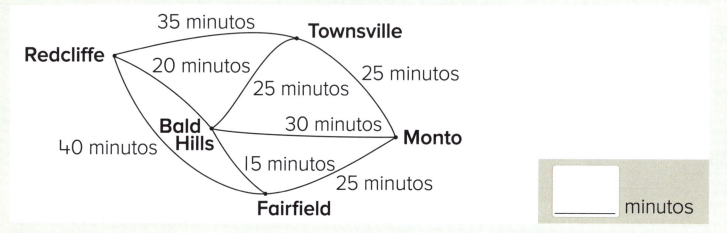

_____ minutos

Palabras en acción

Escribe la respuesta para cada pista en la cuadrícula. Utiliza las palabras en **inglés** de la lista. Sobran algunas palabras.

Pistas horizontales

1. Un pie es la misma longitud que ___ pulgadas.
4. Puedes ___ en suma para calcular un problema de resta.
5. Las operaciones básicas relacionadas tienen el mismo ___ y dos partes.
6. La ___ es una unidad de longitud pequeña.

Pistas verticales

2. Puedes utilizar una regla para medir ___.
3. Hay cuatro operaciones básicas en una ___ de operaciones básicas.

inch *pulgada*
foot *pie*
length *longitud*
think *pensar*
twelve *doce*
total
family *familia*

Práctica continua

1. Colorea una parte de cada figura de rojo. Luego encierra el nombre de la fracción que describe la parte roja.

a.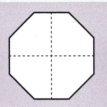

un medio   un cuarto

b.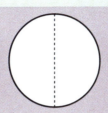

un medio   un cuarto

c.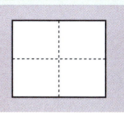

un medio   un cuarto

2. Escribe **pulgadas**, **pies** o **yardas** para indicar cómo medirías la longitud de cada una de las siguientes cosas.

a. clip _____   b. piscina _____

c. tu brazo _____   d. automóvil _____

e. bicicleta _____   f. bloque de decenas _____

Prepárate para el módulo 5

Escribe la familia de operaciones básicas que corresponde a cada imagen.

a.

____ + ____ = ____

____ + ____ = ____

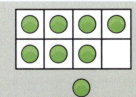

____ − ____ = ____

____ − ____ = ____

b.

____ + ____ = ____

____ + ____ = ____

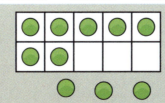

____ − ____ = ____

____ − ____ = ____

c.

____ + ____ = ____

____ + ____ = ____

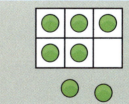

____ − ____ = ____

____ − ____ = ____

Espacio de trabajo

5.1 Suma: Números de dos dígitos (tabla de cien)

Conoce ¿Cuál es el costo total de estas prendas?

¿Cómo lo calculaste?

¿Cómo podrías utilizar una tabla de cien para indicar cómo sumaste los dos números?

21	22	23	24	25	26	27	28	29	30
31	32	33	34	35	36	37	38	39	40
41	42	43	44	45	46	47	48	49	50
51	52	53	54	55	56	57	58	59	60
61	62	63	64	65	66	67	68	69	70

Yo iniciaría en 48 y sumaría las unidades primero. 48 más 1 son 49. 49 más 20 son 69.

Yo iniciaría en 48 y sumaría las decenas primero. 48 más 20 son 68. Luego uno más son 69.

¿Cuál método te gusta más? ¿Por qué?

¿Por qué cada método inicia con el número mayor?

Intensifica

1. Dibuja flechas en la tabla de arriba para indicar cómo sumas cada una de estas ecuaciones. Luego escribe los totales.

a. 54 + 11 =

b. 43 + 23 =

c. 49 + 11 =

d. 28 + 12 =

e. 35 + 21 =

f. 41 + 21 =

g. 22 + 11 =

h. 37 + 31 =

i. 21 + 13 =

2. Inicia con el número mayor. Escribe ecuaciones para indicar cómo sumas **las decenas**, luego **las unidades**. Luego escribe el total.

a. 62 + 34 = ___

62 + 30 = 92
92 + 4 = ___

b. 74 + 15 = ___

___ + ___ = ___
___ + ___ = ___

c. 16 + 83 = ___

___ + ___ = ___
___ + ___ = ___

d. 46 + 32 = ___

___ + ___ = ___
___ + ___ = ___

3. Inicia con el número mayor. Escribe ecuaciones para indicar cómo sumas **las decenas**, luego **las unidades**. Luego escribe el total.

a. 56 + 21 = ___

56 + 1 = 57
57 + 20 = ___

b. 66 + 13 = ___

___ + ___ = ___
___ + ___ = ___

Avanza   Escribe los números que faltan a lo largo de este camino.

15 → +13 → ___ → +21 → ___ → +11 → ___ → +22 → ___

5.2 Suma: Conteo salteado de cinco en cinco o de diez en diez (recta numérica)

Conoce Andrea lanza el cubo.

Ella encuentra el número que obtuvo en la recta numérica. Luego ella da saltos de 10 desde ese número.

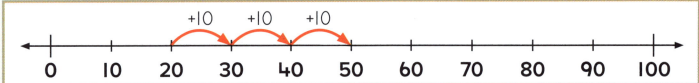

¿Piensas que Andrea caerá en el número 90?
¿Cómo lo sabes? ¿En qué otros números caerá Andrea?

Connor obtiene 5. Luego él da saltos 10 desde ese número.

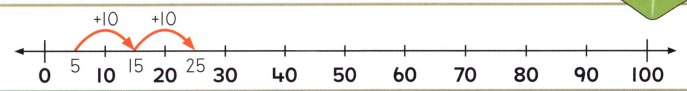

¿Crees que él caerá en el número 50?
¿En qué números caerá Connor?

¿Qué pasa si obtienes 17? ¿Qué números dirás si das saltos de diez desde ese número?

Intensifica 1. Dibuja saltos de 10 para llegar al final de la recta numérica. Escribe los números en los que caes.

a.
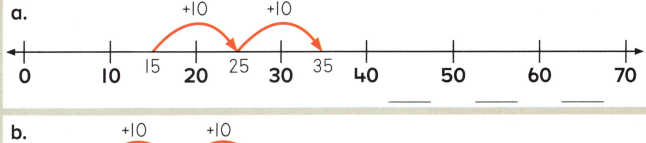

b.
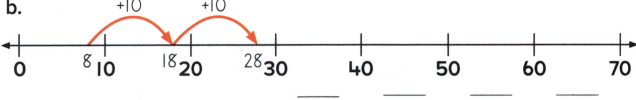

2. Indica la posición del número en la recta numérica. Luego escribe los números en los que caerás si das saltos de 10.

a. 16

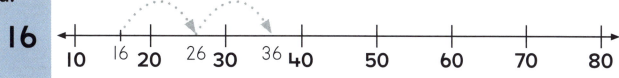

b. 32

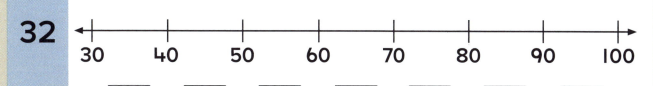

3. Indica la posición del número en la recta numérica. Luego escribe los números en los que caerás si das saltos de 5.

a. 6

b. 52

Avanza Utiliza el conteo salteado para calcular la cantidad total que se indica.

 ¢

5.2 Reforzando conceptos y destrezas

Práctica de cálculo — ¿Qué le dijo el cerdo al granjero?

★ Escribe todas las diferencias.
★ Escribe cada letra arriba de la diferencia correspondiente en la parte inferior de la página. Algunas letras se repiten.

75 − 2 = 73	**d**	58 − 20 = 38	**l**
63 − 10 = 53	**o**	89 − 10 = 79	**h**
91 − 20 = 71	**a**	72 − 2 = 70	**e**
84 − 1 = 83	**c**	25 − 1 = 24	**s**
47 − 10 = 37	**r**	68 − 20 = 48	**u**
21 − 1 = 20	**p**	49 − 2 = 47	**n**

N A D A , P O R q U E
47 71 73 71 , 20 53 37 — 48 70

L O S   C E R D O S
38 53 24   83 70 37 73 53 24

N O   H A b L A N
47 53   79 71 — 38 71 47

Práctica continua

1. Escribe una ecuación que corresponda a lo que indica cada cinta numerada.

a.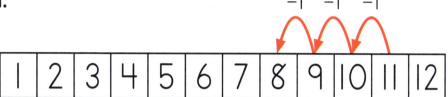

b.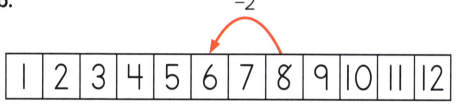

2. Inicia con el número mayor. Escribe ecuaciones de suma para indicar cómo sumas **las decenas**, luego **las unidades**. Luego escribe el total.

a. 73 + 24 = ☐

☐ + ☐ = ☐

☐ + ☐ = ☐

b. 45 + 13 = ☐

☐ + ☐ = ☐

☐ + ☐ = ☐

Prepárate para el módulo 6

Suma los dos grupos. Luego escribe la ecuación correspondiente.

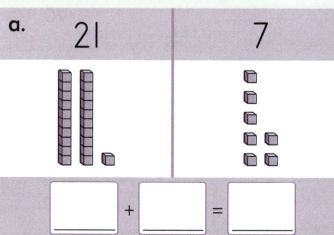

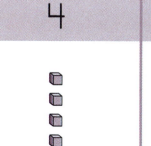

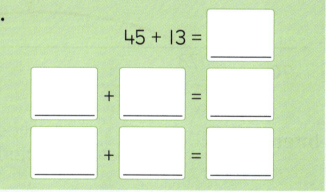

5.3 Suma: Números de dos dígitos (recta numérica)

Conoce ¿Cómo calcularías el costo total de la guitarra y el libro?

¿Cómo podrías utilizar esta recta numérica para indicar cómo sumaste?

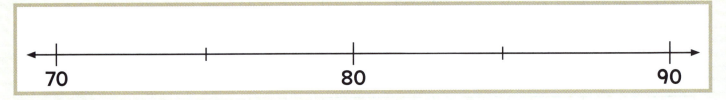

Inicié en 73 y sumé las decenas, luego las unidades del 14. Puedo dibujar saltos como estos para indicar cómo sumé.

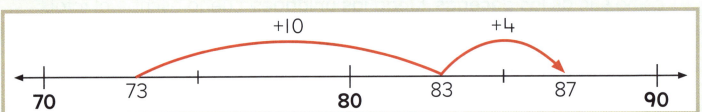

Intensifica

1. a. Dibuja saltos en esta recta numérica para indicar cómo sumarías 56 y 13.

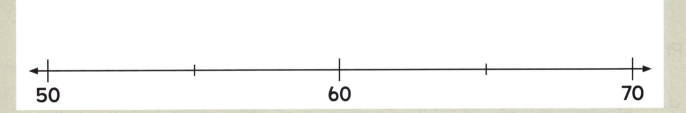

b. Dibuja saltos en esta recta numérica para indicar **otra manera** en la que podrías sumar 56 y 13.

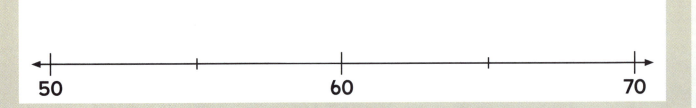

2. Dibuja saltos para indicar cómo podrías contar hacia delante para calcular cada uno de estos totales. Luego escribe los totales.

a. 46 + 12 = _____
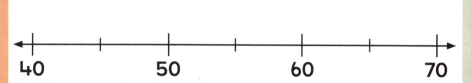

b. 35 + 21 = _____

c. 62 + 27 = _____
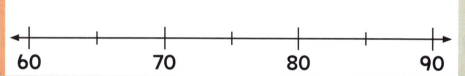

d. 55 + 24 = _____

e. 33 + 16 = _____

Avanza Escribe los números que faltan en este camino.

13 →+21→ ____ →+40→ ____ →+14→ ____ →+11→ ____

5.4 Suma: Ampliando la estrategia de hacer diez (recta numérica)

Conoce ¿Cómo utilizarías los marcos de diez para calcular 18 + 5?

Yo llenaría el segundo marco de diez para hacer otra decena más. Es mucho más fácil calcular 20 + 3 que 18 + 5.

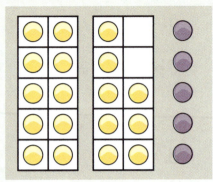

Monique utiliza la recta numérica para indicar cómo calculó 18 + 5.

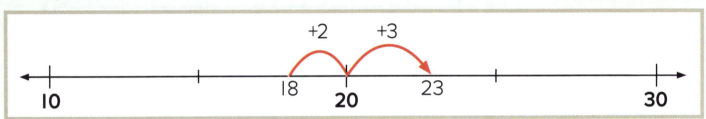

¿Qué razonamiento utilizó ella? ¿Qué es similar en ambos métodos?

¿Cómo podrías utilizar la estrategia de hacer diez para sumar 28 + 5?

¿Cuáles son otros números que podrías sumar utilizando esta estrategia?

Intensifica

1. Observa la recta numérica. Completa la ecuación correspondiente.

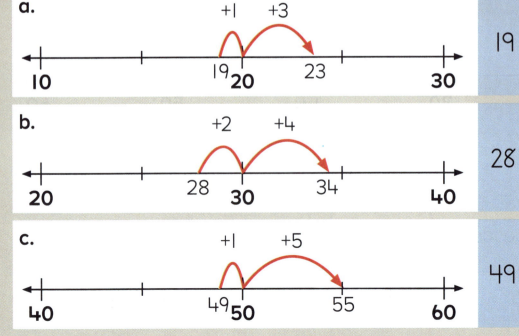

a. 19 + ☐ = 23

b. 28 + ☐ = 34

c. 49 + ☐ = 55

2. Calcula el total. Luego dibuja saltos en la recta numérica para indicar tu razonamiento.

a. 29 + 4 = ☐
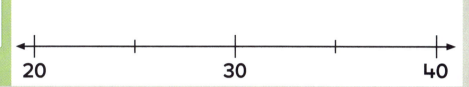

b. 6 + 58 = ☐
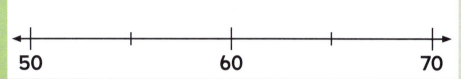

c. 47 + 5 = ☐
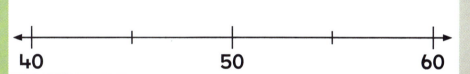

d. 7 + 38 = ☐
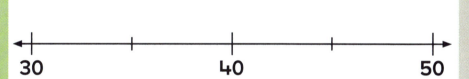

e. 69 + 8 = ☐
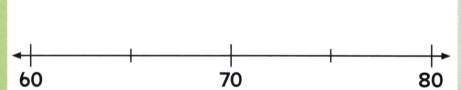

Avanza

Dorothy tiene un *quarter*, dos *dimes* y tres *pennies*.
Jacob tiene un *nickel* y cuatro *pennies*.

a. ¿Cuánto dinero más tiene Dorothy que Jacob? ☐ ¢

b. ¿Cuánto dinero tienen ellos en total? ☐ ¢

5.4 Reforzando conceptos y destrezas

Piensa y resuelve Observa estos números.

a. Utiliza colores diferentes para indicar pares de números que sumen 20.

| 12 | 3 | 6 | 15 | 11 | 0 |
| 14 | 8 | 10 | 9 | 17 | 5 | 20 |

b. Encierra el número que sobra. Luego utiliza ese número para completar esta ecuación.

☐ + ☐ = 20

c. Utiliza dos números que no se indican arriba para completar esta ecuación.

☐ + ☐ = 20

Palabras en acción

Imagina que tu amigo está ausente el día que estás aprendiendo a utilizar el marco de diez para sumar números como 28 y 7. Escribe cómo le explicarías la estrategia.

Práctica continua

1. Escribe la ecuación de resta que corresponda a cada problema. Utiliza **?** para indicar la cantidad desconocida. No necesitas resolver el problema.

a. Max tiene 12 libros de pájaros. Él le da algunos libros a Peta. Quedan 8 libros. ¿Cuántos libros le dio a Peta?

_____ - _____ = _____

b. Antonio tiene 5 centavos más que Patricia. Antonio tiene 13 centavos. ¿Cuánto dinero tiene Patricia?

_____ - _____ = _____

2. Escribe los totales. Luego dibuja saltos en la recta numérica para indicar tu razonamiento.

a. 68 + 5 = ____
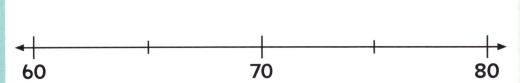

b. 8 + 47 = ____
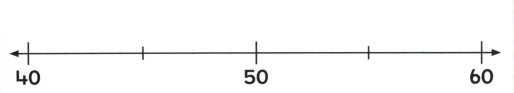

Prepárate para el módulo 6

Escribe el número de bloques de unidades. Encierra 10 unidades. Luego escribe el número de decenas y unidades.

a. ____ unidades

____ decena ____ unidades

b. ____ unidades

____ decena ____ unidades

5.5 Suma: Números de dos dígitos haciendo puente hasta las decenas (recta numérica)

Conoce ¿Piensas que el costo total de estos dos artículos es mayor o menor que $40?

¿Cómo lo decidiste?

Amber utiliza una recta numérica para calcular el costo total.

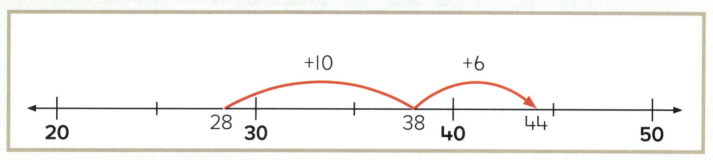

¿Qué pasos sigue Amber?

Jerome utiliza un método diferente.

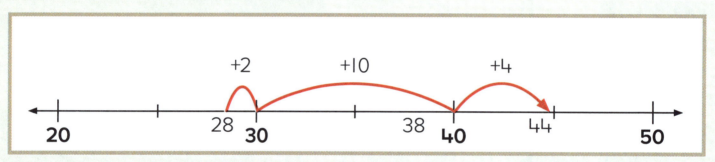

¿Qué pasos sigue Jerome?

¿Cuál método prefieres? ¿Por qué?

Intensifica

1. Calcula el total. Dibuja saltos en la recta numérica para indicar tu razonamiento.

   27 + 17 = _____

   20   30   40   50

2. Calcula cada total.
Dibuja saltos en la recta numérica para indicar tu razonamiento.

a. 38 + 15 = _____

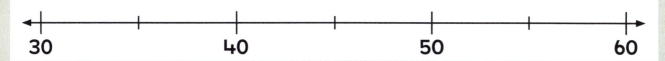

b. 57 + 26 = _____

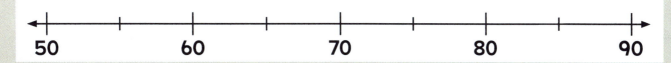

c. 28 + 46 = _____

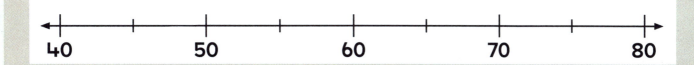

Avanza   Yasmin utiliza este método para escribir 47 + 16. Escribe el total.

47 + 16 = ☐   ⭐ 47 → +10 → 57 → +6 → ⭐ 63

Utiliza el mismo método para escribir 68 + 24. Luego escribe el total.

68 + 24 = ☐   ⭐ 68 → ☐ → ⭐ → ☐ → ⭐

5.6 Suma: Números de dos dígitos haciendo puente hasta las centenas (recta numérica)

Conoce Amy tiene $100 en ahorros.

¿Tiene ella suficiente dinero para comprar estos dos artículos? ¿Cómo lo decidiste?

Amy calcula el costo total en una recta numérica.

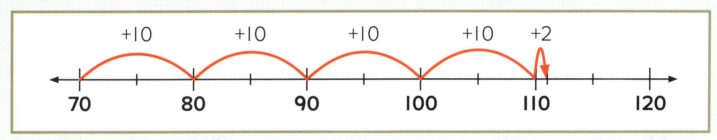

¿Qué pasos sigue Amy?

¿Cómo podrías calcular el costo total con menos saltos?

Yo iniciaría en 70 y daría un salto hasta 100. Luego sumaría la cantidad que queda.

[recta numérica de 70 a 120]

¿Cómo podrías utilizar la recta numérica para calcular 75 + 34?

Intensifica

1. Calcula el total. Dibuja saltos en la recta numérica para indicar tu razonamiento.

80 + 30 = _____

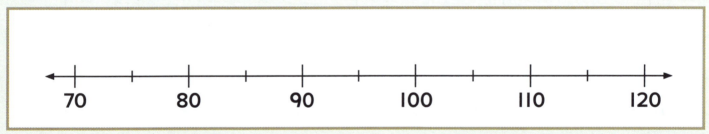

2. Calcula el total. Indica tu razonamiento.

a. 75 + 40 = _____

b. 30 + 87 = _____

c. 85 + 22 = _____

d. 27 + 92 = _____

Avanza Escribe una ecuación que pienses que corresponde a la recta numérica.

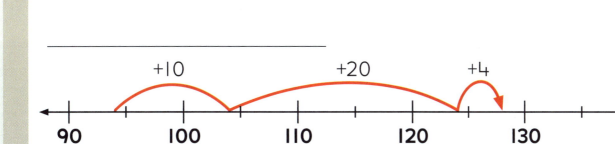

5.6 Reforzando conceptos y destrezas

Práctica de cálculo

★ Completa las operaciones básicas tan rápido como puedas.

inicio

10 − 6 = ☐   12 − 9 = ☐   7 − 2 = ☐

13 − 7 = ☐   18 − 8 = ☐   9 − 3 = ☐

14 − 6 = ☐   16 − 7 = ☐   11 − 5 = ☐

6 − 4 = ☐   17 − 8 = ☐   8 − 3 = ☐

5 − 2 = ☐   4 − 3 = ☐   12 − 3 = ☐

10 − 3 = ☐   9 − 4 = ☐   15 − 6 = ☐

14 − 9 = ☐   13 − 5 = ☐   meta

Práctica continua

1. Observa alrededor del salón de clases. Luego escribe el nombre de algunos objetos que medirías en pulgadas.

2. Calcula el total. Dibuja saltos para indicar tu razonamiento.

a. 30 + 87 = _____

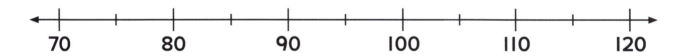

b. 89 + 36 = _____

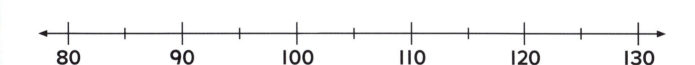

Prepárate para el módulo 6

Suma los dos grupos. Luego escribe la ecuación correspondiente.

a. 38   17

b. 23   29

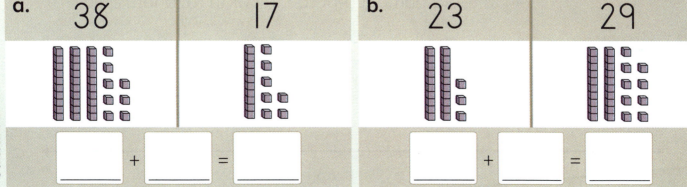

5.7 Suma: Números de dos dígitos (recta numérica en blanco)

Conoce ¿Piensas que estos dos artículos cuestan más o menos de $100? ¿Cómo lo decidiste?

¿Cómo podrías calcular el costo total en esta recta numérica en blanco?

 A veces es más fácil indicar tu razonamiento en una recta numérica en blanco porque no tienes que pensar en la posición exacta de cada número.

Yuma decide dar estos saltos.

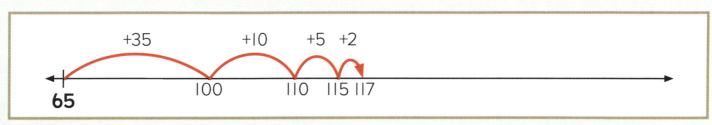

¿Por qué él inicia la recta numérica en 65 y no en 0?

¿Cómo suma el costo del teclado? ¿Qué saltos da?

¿Cuál es otra manera de calcular el costo total?

Intensifica

1. Calcula el total. Dibuja saltos y escribe números en la recta numérica para indicar tu razonamiento.

50 + 37 = _____

2. Calcula el total. Indica tu razonamiento.

a. 36 + 60 = ☐

b. 67 + 5 = ☐

c. 80 + 34 = ☐

d. 95 + 12 = ☐

e. 72 + 51 = ☐

Avanza Escribe los números que faltan en cada casilla. Luego completa la ecuación.

a. 80 + 38 = ☐

80 → +30 → ☐ → +8 → ☐

b. 75 + 43 = ☐

75 → +40 → ☐ → +3 → ☐

5.8 Resta: Repasando la estrategia de pensar suma (operaciones básicas de dobles)

Conoce Hay 15 vacas en esta granja.
Algunas de las vacas están en el granero.

¿Cómo podrías calcular cuántas vacas están en el granero?

Podría iniciar con 15 y quitar 7, o podría pensar que **7 más algo** son 15.

Intensifica

1. Escribe las dos partes y el total para cada imagen.

a.

Una parte es ☐.

La otra parte es ☐.

El total es ☐.

b.

Una parte es ☐.

La otra parte es ☐.

El total es ☐.

2. Calcula cuántos puntos están cubiertos. Luego escribe las operaciones básicas de suma y de resta correspondientes.

a. 9 puntos en total

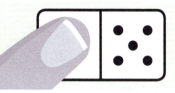

___ + ___ = ___

___ − ___ = ___

b. 13 puntos en total

___ + ___ = ___

___ − ___ = ___

c. 11 puntos en total

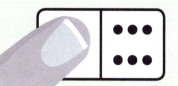

___ + ___ = ___

___ − ___ = ___

d. 17 puntos en total

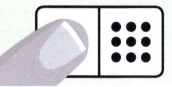

___ + ___ = ___

___ − ___ = ___

e. 14 puntos en total

___ + ___ = ___

___ − ___ = ___

f. 16 puntos en total

___ + ___ = ___

___ − ___ = ___

Avanza Escribe los números que faltan a lo largo del camino.

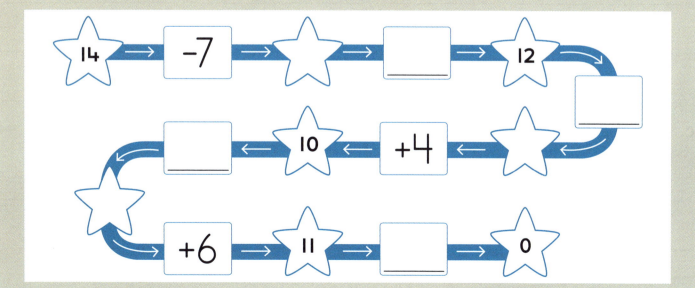

5.8 Reforzando conceptos y destrezas

Piensa y resuelve

a. Calcula un precio posible para cada objeto.

b. Calcula un precio posible para cada objeto.

Palabras en acción

a. Escribe dos números diferentes de dos dígitos que tengan más de 5 decenas y menos de 4 unidades.

b. Escribe un problema de suma utilizando los números que escribiste.

_____
_____
_____

c. Escribe cómo calculas el total.

_____
_____
_____

Práctica continua

1. a. Dibuja un lápiz que mida **exactamente** 6 pulgadas de largo.
   b. Dibuja un lápiz que sea **más corto** que 6 pulgadas.

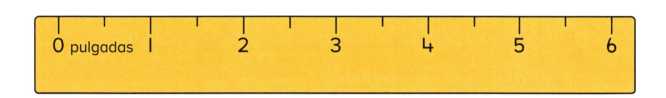

2. Calcula cuántos puntos están cubiertos. Luego escribe las operaciones básicas correspondientes.

   a. **8** puntos en total
   b. **10** puntos en total
   c. **15** puntos en total

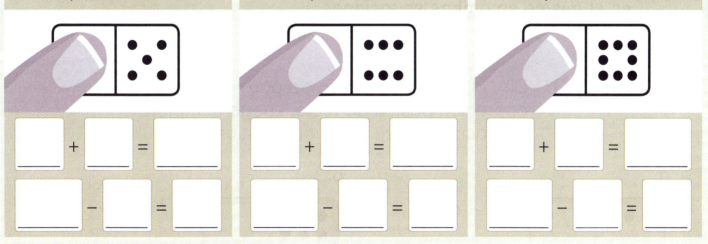

Prepárate para el módulo 6

Para cada número, escribe la **decena** más cercana.

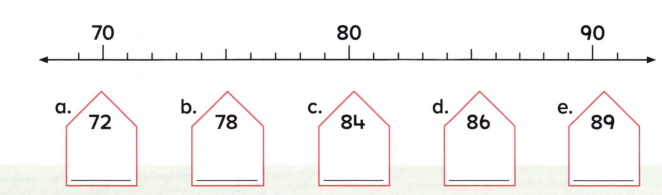

a. 72
b. 78
c. 84
d. 86
e. 89

5.9 Resta: Reforzando la estrategia de pensar en suma (operaciones básicas de dobles)

Conoce

Había algunos platos en la gaveta. Matthew sacó 5 platos grandes con borde azul. Ahora hay 7 platos en la gaveta. ¿Cuántos platos había en la gaveta antes?

¿Qué información te ayuda a resolver el problema?

¿Qué ecuación de suma puedes escribir que corresponda a la historia?

¿Qué ecuación de resta puedes escribir?

Yo podría escribir 7 + 5 = ? para indicarlo como suma. Podría escribir ? − 5 = 7 para indicarlo como resta. El número desconocido es el mismo en ambas ecuaciones.

Intensifica

1. Dibuja puntos como ayuda para completar la operación básica de resta. Luego completa la operación básica de suma relacionada.

a.

13 − 6 = ☐

6 + ☐ = 13

b.

17 − 9 = ☐

9 + ☐ = 17

c.

11 − 5 = ☐

5 + ☐ = 11

d.

15 − 8 = ☐

8 + ☐ = 15

2. Dibuja puntos para completar estas ecuaciones.

a.

10 − 6 = ____

____ + ____ = ____

b.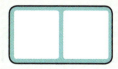

14 − 6 = ____

____ + ____ = ____

3. Escribe una ecuación de **resta** que corresponda a cada problema verbal. Utiliza un **?** para indicar la cantidad desconocida. No necesitas resolver el problema.

a. Arleen compró 16 adhesivos. Ella utilizó 9 de ellos. ¿Cuántos le quedaron?	b. Beth tiene 7 libros menos que Joel. Joel tiene 15 libros. ¿Cuántos libros tiene Beth?
_____	_____
c. Sandra pone 6 *muffins* en un plato. Al plato le caben 14 *muffins*. ¿Cuántos *muffins* más puede Sandra poner en el plato?	d. Sharon y Steven tienen 12 bayas juntos. Steven tiene 5 bayas. ¿Cuántas bayas tiene Sharon?
_____	_____

Avanza

Completa cada ecuación en la imagen de la izquierda. Luego escribe los números para completar las ecuaciones de la derecha.

Cuadro izquierdo:
- 7 − ___ = 4
- = ... +
- 7
- −
- ___ = ___ + 8

Cuadro derecho:
- ___ − ___ = ___
- = ... +
- ___
- −
- ___ = ___ + ___

Resta: Repasando la estrategia de pensar en suma (operaciones básicas de hacer diez)

Conoce

Había 15 latas en una caja. Norton puso algunas latas en un estante. Quedaron 8 latas en la caja. ¿Cuántas latas puso Norton en el estante?

¿Qué operación básica puedes utilizar como ayuda para calcular la respuesta?

¿Qué estrategia podrías utilizar para resolver la operación básica de suma?

Puedo resolver muchas operaciones básicas de resta utilizando más de una estrategia de suma.

Observa estas operaciones básicas de resta

$11 - 2 = ?$ $14 - 6 = ?$ $12 - 4 = ?$ $18 - 9 = ?$

Piensa en las operaciones básicas de suma que utilizarías para resolverlas.

¿Qué estrategias podrías utilizar para resolver esas operaciones básicas de suma?

Intensifica

1. Escribe los números que faltan y dibuja los puntos correspondientes en cada tarjeta. Luego completa las operaciones básicas de suma.

a.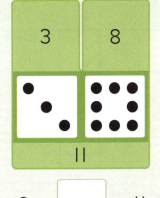

3 + ☐ = 11

b.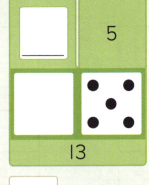

☐ + 5 = 13

c.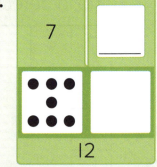

7 + ☐ = 12

2. Calcula cuántos puntos están cubiertos.
   Luego escribe las ecuaciones correspondientes.

a. 13 puntos en total

☐ + ☐ = ☐

☐ − ☐ = ☐

b. 16 puntos en total

☐ + ☐ = ☐

☐ − ☐ = ☐

c. 11 puntos en total

☐ + ☐ = ☐

☐ − ☐ = ☐

d. 15 puntos en total

☐ + ☐ = ☐

☐ − ☐ = ☐

e. 17 puntos en total

☐ + ☐ = ☐

☐ − ☐ = ☐

f. 12 puntos en total

☐ + ☐ = ☐

☐ − ☐ = ☐

Avanza Escribe los números que faltan para completar ecuaciones verdaderas horizontal y verticalmente.

ORIGO Stepping Stones • 2.º grado • 5.10

5.10 Reforzando conceptos y destrezas

Práctica de cálculo

★ Escribe todos los totales para descubrir un dato asombroso.
★ Luego escribe cada letra arriba del total correspondiente en la parte inferior de la página.

26 + 10 = ___ n   17 + 20 = ___ i

36 + 20 = ___ s   41 + 10 = ___ r

65 + 20 = ___ p   72 + 20 = ___ c

33 + 10 = ___ a   10 + 19 = ___ o

20 + 28 = ___ u   20 + 25 = ___ t

10 + 51 = ___ e

Algunas letras se repiten.

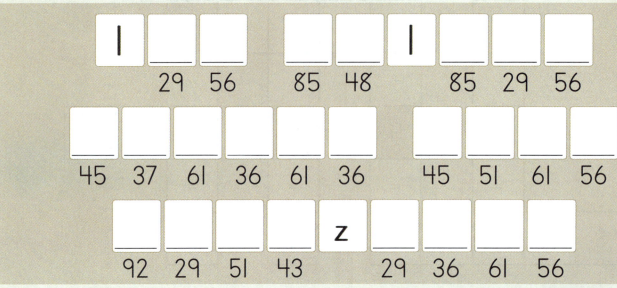

Práctica continua

1. Resuelve cada problema. Inidica tu razonamiento.

a. El zapato de Emilio es 2 pulgadas más corto que el de su hermano. El zapato de su hermano mide 9 pulgadas de largo. ¿Qué tan largo es el zapato de Emilio?

____ pulgadas

b. Zoe corta un trozo de tubo de 12 pies de largo y otro de 7 pies de largo. ¿Cuál es la diferencia de longitud entre los dos trozos?

____ pies

2. Calcula cuántos puntos están cubiertos y escribe la ecuación correspondiente.

a. 15 puntos en total

☐ + ☐ = ☐

☐ − ☐ = ☐

b. 12 puntos en total

☐ + ☐ = ☐

☐ − ☐ = ☐

c. 17 puntos en total

☐ + ☐ = ☐

☐ − ☐ = ☐

Prepárate para el módulo 6

Cada ☺ significa un voto. Utiliza la gráfica para responder las preguntas de abajo.

¿Te gusta comer vegetales?								
Sí	☺	☺	☺	☺	☺	☺	☺	☺
No	☺	☺	☺					

a. ¿A cuántos niños les gusta comer vegetales?

b. ¿A cuántos niños no les gusta comer vegetales?

c. ¿Cuántos niños votaron en total?

5.11 Resta: Reforzando la estrategia de pensar en suma (operaciones básicas de hacer diez)

Conoce

Una pecera tiene 13 peces. Algunos peces se esconden entre las plantas y solo 5 se pueden ver. Luego otros 2 peces se esconden entre las plantas. ¿Cuántos peces están escondidos ahora?

¿Qué operaciones podrías utilizar para resolver este problema?
¿Qué operaciones básicas de suma o resta podrías utilizar?
¿Qué pasos necesitas seguir?

Intensifica

1. Dibuja puntos como ayuda para completar la operación básica de resta. Luego escribe una operación básica de suma relacionada.

a.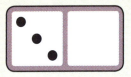

12 − 3 = ☐

3 + ☐ = 12

b.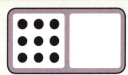

15 − 9 = ☐

9 + ☐ = 15

c.

11 − 8 = ☐

8 + ☐ = 11

d.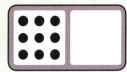

13 − 9 = ☐

9 + ☐ = 13

e.

12 − 8 = ☐

☐ + ☐ = ☐

f.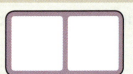

14 − 5 = ☐

☐ + ☐ = ☐

2. Resuelve cada problema. Indica tu razonamiento.

a. Olivia tiene 11 renacuajos en un frasco. 4 de ellos tienen patas. ¿Cuántos renacuajos no tienen patas?

_____ renacuajos

b. Hay 7 escarabajos con rayas y 13 con puntos. ¿Cuántos escarabajos con rayas menos hay?

_____ escarabajos

c. Una planta tiene 15 bayas. 6 de las bayas son verdes y el resto rojas. Vincent se come 5 de las bayas rojas. ¿Cuántas bayas rojas hay ahora?

_____ bayas

d. 12 ardillas estaban jugando en el parque. Algunas se subieron a un árbol y 5 se quedaron en el suelo. Luego 2 ardillas más se subieron al árbol. ¿Cuántas ardillas hay en el árbol ahora?

_____ ardillas

Avanza

En el florero verde hay 8 flores más que en el florero amarillo, pero 3 menos que en el florero rojo. En el florero amarillo hay 6 flores. ¿Cuántas flores hay en el florero rojo? Indica tu razonamiento

_____ flores

5.12 Resta: Escribiendo familias de operaciones básicas (dobles y hacer diez)

Conoce

Carmela compró el libro que costaba $9 y otro libro para regalarlo a un amigo. Ella gastó $16 en total.

¿Cuál fue el precio del otro libro que ella compró?
¿Cómo lo calcularías?

Podría iniciar en $9, contar hacia delante $1 para hacer $10, luego sumar $6 más para hacer $16. El total de la cantidad que sumé es el precio del otro libro.

¿De qué otra manera podrías calcular el precio?

Intensifica

1. Escribe las dos partes y el total de cada dominó.

a.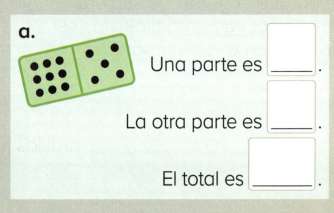
Una parte es ____.
La otra parte es ____.
El total es _____.

b.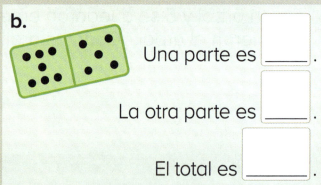
Una parte es ____.
La otra parte es ____.
El total es _____.

2. Calcula cuántos puntos están cubiertos en cada dominó. Luego escribe dos operaciones básicas correspondientes.

a. 13 puntos en total
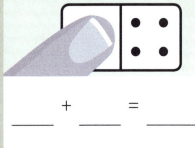
___ + ___ = ___
___ − ___ = ___

b. 12 puntos en total

___ + ___ = ___
___ − ___ = ___

c. 15 puntos en total

___ + ___ = ___
___ − ___ = ___

3. El círculo indica el total. Los cuadrados indican las partes. Escribe los números que faltan, luego escribe la familia de operaciones básicas correspondiente.

a.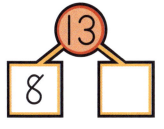

___ + ___ = ___

___ + ___ = ___

___ − ___ = ___

___ − ___ = ___

b.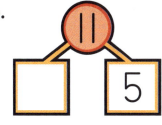

___ + ___ = ___

___ + ___ = ___

___ − ___ = ___

___ − ___ = ___

c.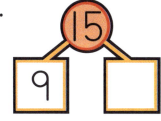

___ + ___ = ___

___ + ___ = ___

___ − ___ = ___

___ − ___ = ___

4. Utiliza el mismo color para indicar las operaciones básicas que pertenecen a la misma familia de operaciones básicas.

4 + 7 = 11	5 + 7 = 12	11 − 4 = 7	12 = 8 + 4
8 + 6 = 14	4 + 8 = 12	12 − 5 = 7	14 − 8 = 6
12 = 7 + 5	14 − 6 = 8	12 − 4 = 8	11 − 7 = 4
11 = 7 + 4	12 − 8 = 4	12 − 7 = 5	14 = 6 + 8

Avanza

Calcula el número que representa cada símbolo. Luego escribe los totales que faltan.

a.
9 + ● = 13
16 − ▲ = 7
▲ + ● = ___

b.
■ + 7 = 11
16 − ◉ = 4
■ + ◉ = ___

ORIGO Stepping Stones • 2.º grado • 5.12

5.12 Reforzando conceptos y destrezas

Piensa y resuelve   Brett hizo un cinturón de cuentas que inició de esta manera.

Él continuó el patrón. Él utilizó un total de 40 cuentas. ¿Cuántas cuentas de cada tipo utilizó?

a.

b.

c.

Palabras en acción Escribe acerca de dos estrategias de **suma** que puedes utilizar para resolver esta ecuación.

$17 - 8 = ?$

_____
_____
_____
_____
_____
_____
_____

Práctica continua

1. Escribe **pulgadas**, **pies** o **yardas** para indicar cómo medirías cada uno de estos objetos.

a. automóvil	_____	b. cocina	_____
c. cuadro	_____	d. edificio de la escuela	_____
e. cama	_____	f. zapato	_____

2. Utiliza el mismo color para indicar operaciones básicas que pertenezcan a la misma familia de operaciones básicas.

15 = 9 + 6	13 − 7 = 6	11 − 6 = 5	13 − 9 = 4
5 + 6 = 11	15 − 6 = 9	4 + 9 = 13	15 = 6 + 9
13 − 6 = 7	6 + 5 = 11	15 − 9 = 6	6 + 7 = 13

Prepárate para el módulo 6

Los estudiantes votaron por su fruta favorita. Esta tabla indica sus votos.

Dibuja ○ en la gráfica de abajo para indicar cada voto.

Nuestra fruta favorita

Fruta

Espacio de trabajo

6.1 Suma: Números de dos dígitos (bloques base 10)

Conoce ¿Cómo podrías calcular el costo total de un boleto para adultos y uno para niños?

VIAJES EN KAYAK
Niños $26
Adultos $52

Podrías utilizar una tabla de cien. Inicias en 52, cuentas 2 decenas hacia abajo y luego cuentas 6 unidades hacia la derecha.

Hiro pensó en otra manera de hacerlo. Él dibujó esta imagen como ayuda.

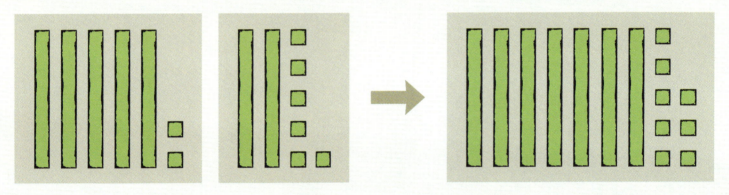

¿Qué crees que representan estas figuras?

¿Qué ecuaciones podrías escribir que correspondan al problema?

Intensifica

1. Dibuja imágenes simples para indicar cómo agrupar los bloques de decenas y cómo agrupar los bloques de unidades. Luego completa los enunciados.

a.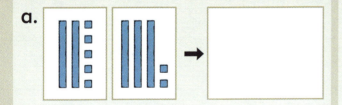

Hay ____ decenas.

Hay ____ unidades.

____ y ____ son ____

b.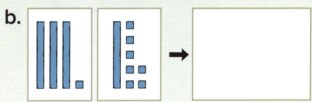

Hay ____ decenas.

Hay ____ unidades.

____ y ____ son ____

2. Suma los bloques de decenas y luego los de unidades. Escribe el valor total de los bloques.

a. 45 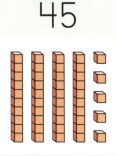 34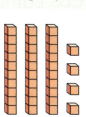

Hay ____ decenas.

Hay ____ unidades.

____ y ____ son _____

b. 24 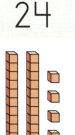 25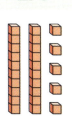

Hay ____ decenas.

Hay ____ unidades.

____ y ____ son _____

c. 12 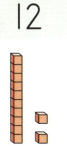 50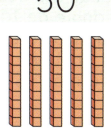

Hay ____ decenas.

Hay ____ unidades.

____ y ____ son _____

3. Completa la ecuación. Indica tu razonamiento.

28 + 41 = ____

Avanza

Michael toma un puñado de bloques de decenas y bloques de unidades. El número total que indican los bloques es 65. A Michael le dan otros 4 bloques de unidades y 2 bloques de decenas.

¿Cuál es el número total que indican los bloques? Indica tu razonamiento.

6.2 Suma: Ampliando la estrategia de dobles

Conoce

Observa esta camiseta.
¿Cuál será el costo total de dos camisetas?
¿Cómo podrías calcularlo?

20 es el mismo valor que 2 decenas. El doble de 2 son 4, entonces el doble de 2 decenas son 4 decenas. El total es $40.

¿Cómo podrías calcular el costo total de dos pares de *shorts*?

23 + 23 = ____
20 + 20 = ____
3 + 3 = ____

Podría duplicar las decenas primero. El doble de 20 son 40. Luego duplicaría las unidades. El doble de 3 son 6. Entonces $40 más $6 son $46.

Intensifica

1. Escribe los totales que faltan.

a.
si → 2 + 2 = ____
entonces → 20 + 20 = ____

b.
si → 4 + 4 = ____
entonces → 40 + 40 = ____

c.
si → 5 + 5 = ____
entonces → 50 + 50 = ____

d.
si → 3 + 3 = ____
entonces → 30 + 30 = ____

2. Duplica las decenas, **luego** duplica las unidades. Escribe el total.

a. 12 + 12
Doble 10 son 20
Doble 2 son 4
20 + 4 = ☐

b. 31 + 31
Doble 30 son ☐
Doble ☐ son ☐
☐ + ☐ = ☐

c. 24 + 24
Doble ☐ son ☐
Doble ☐ son ☐
☐ + ☐ = ☐

d. 43 + 43
Doble ☐ son ☐
Doble ☐ son ☐
☐ + ☐ = ☐

3. Escribe los totales.

a. 14 + 14 = ☐
b. 21 + 21 = ☐
c. 44 + 44 = ☐
d. 33 + 33 = ☐
e. 42 + 42 = ☐
f. 13 + 13 = ☐

Avanza Elige una de las ecuaciones de la pregunta 3. Escribe una historia de dobles que corresponda a la ecuación.

6.2 Reforzando conceptos y destrezas

Práctica de cálculo

★ Completa las ecuaciones.
★ Luego escribe cada letra arriba del total correspondiente en la parte inferior de la página. Algunas letras se repiten.

13 + 13 = ☐ o   29 + 29 = ☐ t

18 + 16 = ☐ e   11 + 12 = ☐ m

23 + 22 = ☐ l   16 + 16 = ☐ l

16 + 14 = ☐ r   41 + 42 = ☐ c

21 + 23 = ☐ d   24 + 25 = ☐ a

25 + 26 = ☐ e   45 + 45 = ☐ s

34 32   32 26 23 26   44 51 45

83 49 23 51 32 32 26   51 90

30 51 83 58 26

Práctica continua

1. a. Dibuja saltos en esta recta numérica para indicar cómo sumarías 53 y 15.

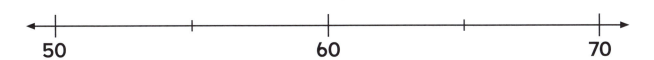

b. Dibuja saltos con un color diferente para indicar **otra manera** en que podrías sumar 53 y 15.

2. Suma los bloques de decenas y luego los de unidades. Escribe el valor total de los bloques.

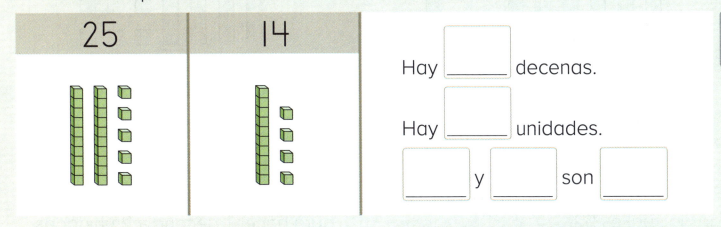

Hay ____ decenas.

Hay ____ unidades.

____ y ____ son ____

Prepárate para el módulo 7

Dibuja una línea desde cada número hasta su posición en la recta numérica.

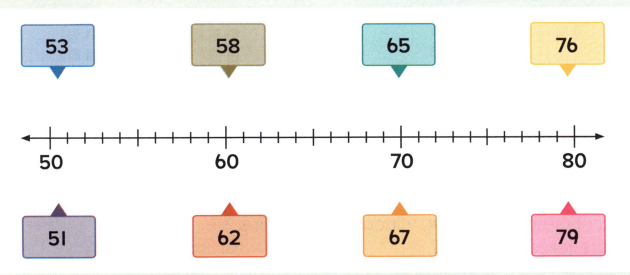

6.3 Suma: Repasando los números de dos dígitos (composición de decenas)

Conoce Alexis está viendo algunos juguetes.

¿Cómo calcularías el costo total de la muñeca y el monopatín?

Alexis indicó su razonamiento dibujando esta imagen.

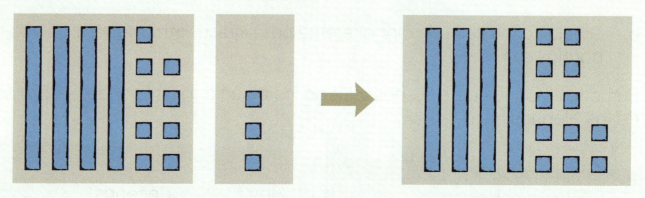

¿Cómo te puede ayudar la imagen de Alexis a calcular el costo total?

 Félix razonó de esta manera:

Veo 4 decenas y 12 unidades. El total debe ser igual a 40 más 12, lo cual es 52.

 Claire razonó de manera diferente:

Veo 4 decenas y 12 unidades. Puedo reagrupar las 12 unidades para hacer 1 decena y 2 unidades. Eso hace 5 decenas y 2 unidades, entonces el total es 52.

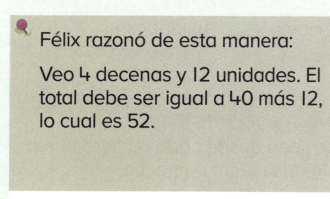

40 + 12

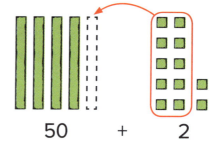

50 + 2

Piensa en el costo total del auto y el monopatín.

Prueba el método de Félix, y luego el de Claire. ¿Cuál prefieres? ¿Por qué?

Intensifica

1. Utiliza el método de Félix para sumar. Escribe la ecuación correspondiente.

a. 55   17   ☐ + ☐ = ☐

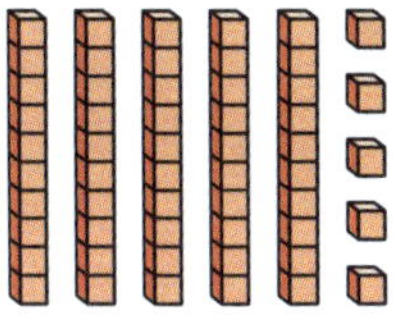

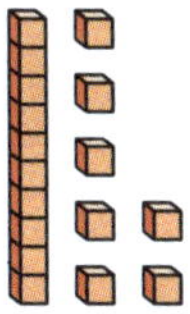

b. 43   37   ☐ + ☐ = ☐

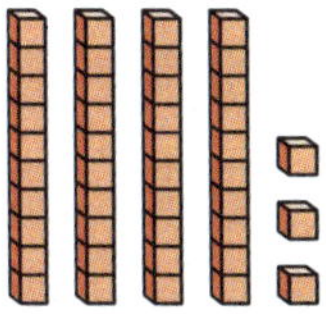

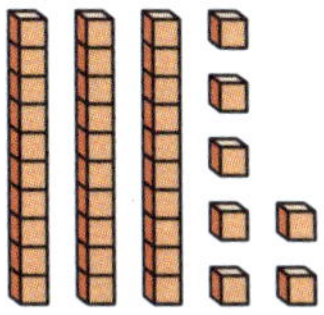

2. Utiliza el método de Claire para sumar. Escribe la ecuación correspondiente.

a. 28   24   ☐ + ☐ = ☐

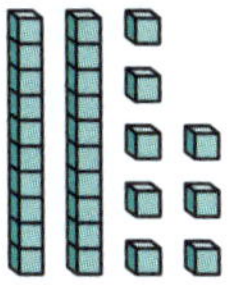

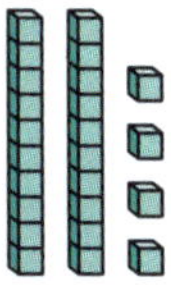

b. 18   58   ☐ + ☐ = ☐

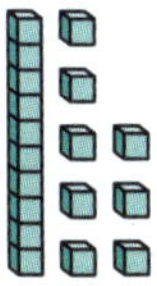

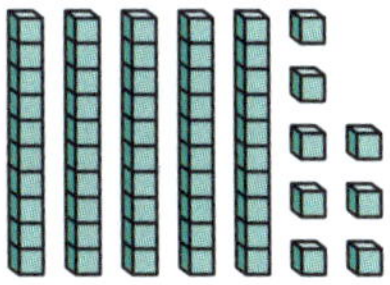

Avanza

Resuelve el problema. Dibuja una imagen para indicar tu razonamiento. Completa la ecuación.

Hay 25 estudiantes en un autobús y algunos estudiantes más en otro autobús. ¿Cuántos estudiantes hay en el otro autobús?

25 + ☐ = 51

Suma: Reforzando los números de dos dígitos (composición de decenas)

Conoce

¿Cómo podrías calcular el costo total de estos dos libros?

Oliver dibujó imágenes como ayuda.

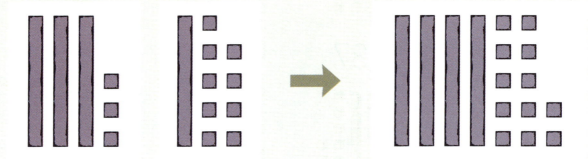

¿Cuántos bloques de decenas se indican? ¿Cuántas unidades?

¿Qué método podrías utilizar para calcular el valor total de los bloques?

Yo podría sumar 40 y 12.

O podría reagrupar las unidades para hacer otra decena.

Intensifica

1. Suma los bloques de decenas y luego los de unidades. Completa la ecuación correspondiente.

a. 28   24   ☐ + ☐ = ☐

b. 18   58   ☐ + ☐ = ☐

2. Completa cada ecuación. Indica tu razonamiento.

a. 37 + 34 = ☐

b. 28 + 56 = ☐

c. 19 + 45 = ☐

d. 37 + 48 = ☐

3. Completa cada ecuación. Puedes utilizar bloques o hacer anotaciones en la página 232 como ayuda.

a. 73 + 18 = ☐

b. 52 + 39 = ☐

c. 65 + 17 = ☐

Avanza   Escribe dígitos para completar ecuaciones verdaderas.

a. ☐☐ + ☐8 = ☐3

b. ☐☐ + ☐7 = ☐1

6.4 Reforzando conceptos y destrezas

Piensa y resuelve   Las figuras iguales pesan lo mismo. Escribe el valor que falta dentro de cada figura.

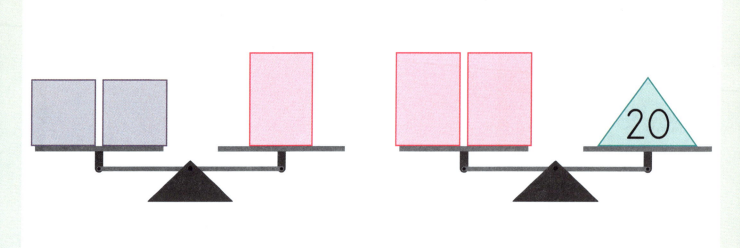

Encierra la figura más pesada.

Palabras en acción Escribe acerca de cómo puedes utilizar la estrategia de dobles para calcular este total.

$43 + 43 = ?$

_____
_____
_____
_____
_____
_____
_____
_____

Práctica continua

1. Calcula cada total. Dibuja saltos para indicar tu razonamiento.

a. 37 + 14 = ☐

b. 59 + 26 = ☐

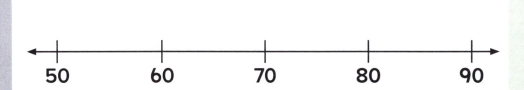

2. Duplica las decenas, **luego** duplica las unidades. Escribe el total.

a. 21 + 21
Doble ☐ son ☐
Doble ☐ son ☐
☐ + ☐ = ☐

b. 42 + 42
Doble ☐ son ☐
Doble ☐ son ☐
☐ + ☐ = ☐

Prepárate para el módulo 7   Escribe los números que faltan.

a.
7 − 1 = ☐
17 − 1 = ☐
27 − 1 = ☐
37 − 1 = ☐

b.
15 − 2 = ☐
25 − 2 = ☐
35 − 2 = ☐
45 − 2 = ☐

c.
17 − 3 = ☐
27 − 3 = ☐
37 − 3 = ☐
47 − 3 = ☐

6.5 Suma: Estimando para resolver problemas

Conoce

Emilia necesita cercar dos lados de su corral.

El lado más largo mide **28** yardas.
El lado más corto mide **26** yardas.

El alambre lo venden en longitudes diferentes.
¿Cuál de estos alambres debería comprar ella?

20 yardas   50 yardas   100 yardas

Ambos lados miden más de 25 yardas, entonces ella necesitará más de 50 yardas.

Hassun necesita **100** yardas de alambre para cercar su corral.
Él tiene **65** yardas de alambre almacenado en su granja.

¿Cuál único rollo de alambre deberá comprar?

65 más 20 es menos de 100, pero 65 más 50 es más de 100, entonces el debería comprar el rollo de 50 yardas para tener suficiente alambre.

Intensifica

1. Colorea la etiqueta del rollo de alambre que comprarías para cercar los dos lados.

a.
| 20 yd | 50 yd | 100 yd |

Lado A – 8 yardas
Lado B – 11 yardas

b.
| 20 yd | 50 yd | 100 yd |

Lado A – 25 yardas
Lado B – 18 yardas

c.
| 20 yd | 50 yd | 100 yd |

Lado A – 9 yardas
Lado B – 17 yardas

d.
| 20 yd | 50 yd | 100 yd |

Lado A – 37 yardas
Lado B – 35 yardas

2. Lee cada problema. Luego colorea la etiqueta para indicar tu **estimado**.

a. La cuerda azul mide 15 pies de largo. La cuerda roja es 6 pies más larga. ¿Cerca de cuánto de largo mide la cuerda roja?

| 10 ft | 20 ft | 30 ft |

b. Amos une tres trozos de tubo. Un trozo mide 38 pulgadas de largo, el segundo mide 25 pulgadas y el tercero mide 15 pulgadas de largo. ¿Cerca de cuánto es el largo total?

| 60 in | 70 in | 80 in |

c. Una tira de cinta mide 90 pulgadas de largo. La tira es cortada en dos trozos. Un trozo mide 52 pulgadas de largo. ¿Cerca de cuánto mide el otro trozo?

| 40 in | 50 in | 60 in |

d. Dos mangueras que miden cerca de lo mismo son unidas. El largo total es de 78 pies. ¿Cerca de cuánto mide cada manguera?

| 30 ft | 40 ft | 50 ft |

3. Estima cada total. Colorea las tarjetas que tienen un total **mayor que** 80.

| a. 38 + 28 | b. 45 + 47 | c. 8 + 57 | d. 27 + 59 | e. 37 + 25 |
| f. 19 + 73 | g. 50 + 26 | h. 39 + 35 | i. 38 + 41 | j. 12 + 61 |

Avanza Dallas une dos de estas cintas. El largo total es de cerca de 90 pulgadas. Colorea las dos cintas que crees que ella unió.

75 inches

45 pulgadas

16 inches

54 pulgadas

6.6 Suma: Utilizando la propiedad asociativa

Conoce

Imagina que lanzas tres saquitos con frijoles a este blanco.

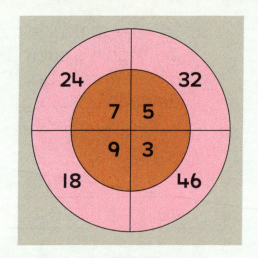

Si cada saquito cae en el círculo anaranjado, ¿qué puntajes totales podrías anotar?

¿Cómo podrías calcular los totales?

Yo elegí 7, 9 y 3. Luego sumé en este orden, 7 + 3 + 9 porque 7 + 3 hacen 10, lo cual es fácil.

Imagina que dos saquitos con frijoles caen en rosado y uno en anaranjado.

¿Cómo podrías calcular los puntajes totales que podrías anotar?

Podría sumar primero pares de números amigables tales como 18 y 32.

¿Por qué a 18 y 32 se les llama par amigable?

¿Qué otros números hacen pares amigables?

Intensifica

1. Imagina que dos saquitos con frijoles caen en partes amarillas **diferentes** en este blanco, y uno cae en una parte roja. Escribe ecuaciones para indicar cuatro puntajes totales posibles.

40 + 10 + 8 =

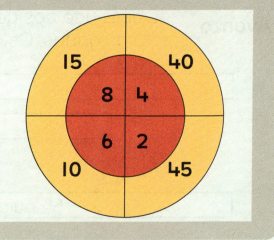

2. Imagina que dos saquitos con frijoles caen en amarillo y uno cae en rojo. Escribe ecuaciones para indicar cuatro puntajes totales posibles.

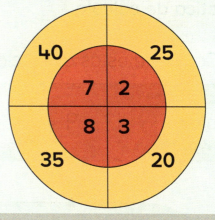

3. Imagina que dos saquitos con frijoles caen en rosado y uno cae en anaranjado. Escribe ecuaciones para indicar cuatro puntajes totales posibles.

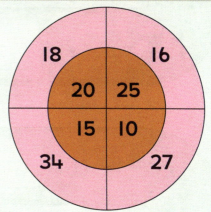

Avanza

Beatrice lanzó **tres** saquitos con frijoles a este blanco y anotó un total de 55. ¿Dónde cayeron los saquitos?

Escribe ecuaciones para indicar tres soluciones diferentes posibles.

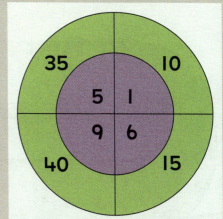

6.6 Reforzando conceptos y destrezas

Práctica de cálculo

★ Completa estas operaciones básicas tan rápido como puedas.

inicio → 12 − 9 = ☐   14 − 6 = ☐   7 − 3 = ☐

16 − 9 = ☐   10 − 4 = ☐   11 − 5 = ☐

8 − 2 = ☐   15 − 7 = ☐   13 − 8 = ☐

14 − 8 = ☐   9 − 1 = ☐   12 − 5 = ☐

7 − 5 = ☐   11 − 3 = ☐   10 − 6 = ☐

15 − 6 = ☐   6 − 2 = ☐   17 − 9 = ☐

13 − 7 = ☐   5 − 1 = ☐   → meta

Práctica continua

1. Calcula cada total. Dibuja saltos para indicar tu razonamiento.

a. 38 + 5 = ☐

b. 65 + 12 = ☐

2. Suma los bloques de decenas y luego suma los bloques de unidades. Completa la ecuación correspondiente. Indica tu razonamiento.

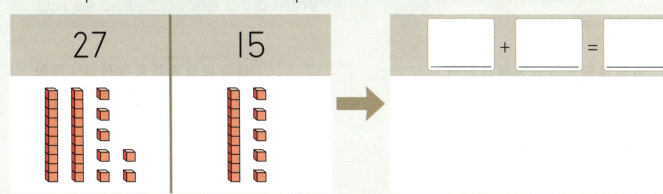

☐ + ☐ = ☐

Prepárate para el módulo 7

Escribe las respuestas. Dibuja saltos en la cinta numerada como ayuda.

a. 4 − 1 = ☐

b. 6 − 2 = ☐

c. 9 − 2 = ☐

6.7 Suma: Múltiplos de diez y números de dos dígitos (composición de centenas)

Conoce ¿Crees que el costo total de estos dos artículos es mayor o menor que $100?

¿Cómo lo decidiste?

Pati indica su razonamiento dibujando esta imagen.

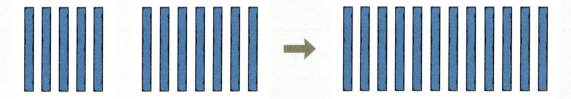

¿Cómo puede la imagen de Pati ayudar a calcular el costo total?

 Tyler razonó de esta manera:

Veo 12 decenas. 12 decenas es el mismo valor que 120.

 Fiona razonó de manera diferente:

Veo 12 decenas. Puedo reagrupar las 12 decenas para hacer 1 centena y 2 decenas. Eso es 120.

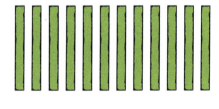

12 decenas

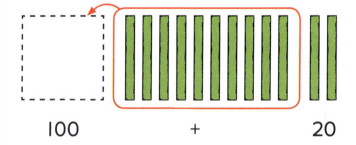

100 + 20

Intensifica   1. Escribe los totales que faltan.

a.
si → 9 + 4 = 13
entonces → 90 + 40 = 130

b.
si → 7 + 7 = ___
entonces → 70 + 70 = ___

2. Suma los bloques y escribe el total. Indica tu razonamiento.

a.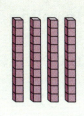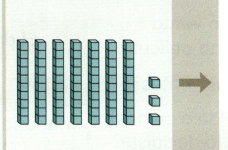

Total = ____

b.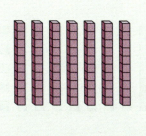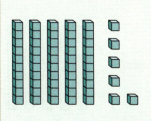

Total = ____

3. Completa cada ecuación. Puedes utilizar bloques o hacer anotaciones en la página 232 como ayuda.

a. 60 + 60 = ____

b. 90 + 45 = ____

c. 70 + 58 = ____

d. 50 + 65 = ____

e. 31 + 70 = ____

f. 94 + 60 = ____

Avanza

El valor total de unos bloques es 124.
Hay más bloques de unidades que de decenas.

Escribe cuántos bloques de decenas y de unidades podría haber. Indica tu razonamiento.

____ decenas y ____ unidades.

6.8 Suma: Números de dos dígitos (composición de centenas)

Conoce

Esta tabla indica la venta de boletos para una película.

El dragón dormilón	
Sesión	Venta de boletos
Mañana	52
Noche	86

¿Qué puedes decir acerca de las ventas?

¿Piensas que se vendieron más de o menos de 150 boletos en total? ¿Cómo lo decidiste?

Ashley dibujó imágenes como ayuda.

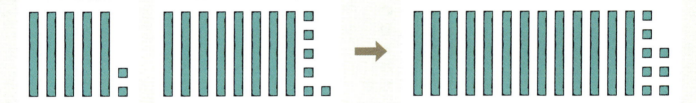

¿Cuántos bloques de decenas se indican? ¿Cuántos de unidades?

¿Cuáles métodos podrías utilizar para calcular el valor de los bloques?

Hay 13 decenas ... Eso es 130.
Luego podría sumar 130 y 8.

O podría reagrupar las decenas para hacer una centena. Luego podría sumar 100, 30 y 8.

Intensifica

1. Suma los bloques de decenas y luego suma los bloques de unidades. Escribe la ecuación correspondiente.

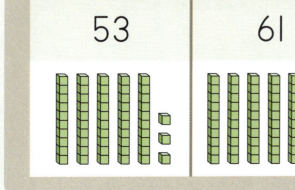

53   61

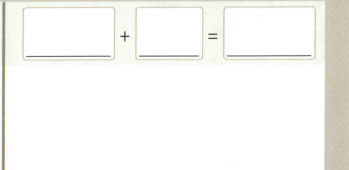

☐ + ☐ = ☐

2. Completa cada ecuación. Indica tu razonamiento.

a. 75 + 42 = ☐

b. 93 + 34 = ☐

c. 41 + 68 = ☐

3. Completa cada ecuación. Puedes utilizar bloques o hacer anotaciones en la página 232 como ayuda.

a. 74 + 74 = ☐

b. 91 + 25 = ☐

c. 31 + 73 = ☐

Avanza

Grace ganó $95 en un mes. Ella puso ese dinero en su cuenta de ahorros. Ella ahora tiene $142 en su cuenta de ahorros. ¿Cuánto dinero había en su cuenta de ahorros antes? Indica tu razonamiento.

$ ☐

6.8 Reforzando conceptos y destrezas

Piensa y resuelve   Observa este número. **50**

Completa estas ecuaciones para indicar maneras diferentes de hacer 50.

a. ☐ + ☐ = 50

b. ☐ − ☐ = 50

c. ☐ + ☐ + ☐ = 50

d. ☐ + ☐ + ☐ = 50

Palabras en acción Elige y escribe palabras de la lista para completar estos enunciados. Sobra una palabra.

Lista: sumar, reagrupar, cero, suma, total, diez, igualdad

a. Una ecuación utiliza el símbolo de _____.

b. Puedes sumar tres o más números en cualquier orden y el _____ siempre será el mismo.

c. Puedes _____ diez unidades para hacer una decena.

d. 406 tiene cuatro centenas, _____ decenas y seis unidades.

e. Puedes reagrupar _____ decenas para hacer una centena.

f. 16 y 4 son un par de números amigables porque son fáciles de _____ mentalmente.

218 ORIGO Stepping Stones • 2.º grado • 6.8

| Práctica continua | **1.** Dibuja puntos como ayuda para completar la operación básica de resta. Luego escribe una operación básica de suma relacionada. |

a.

12 − 5 = ☐

5 + ☐ = 12

b.

15 − 9 = ☐

9 + ☐ = 15

c.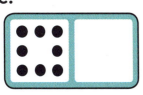

11 − 8 = ☐

8 + ☐ = 11

d.

12 − 3 = ☐

3 + ☐ = 12

2. Imagina que dos saquitos con frijoles caen en partes moradas diferentes y uno cae en una parte amarilla. Escribe ecuaciones de suma para indicar cuatro puntajes totales posibles.

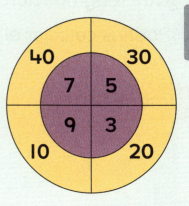

| Prepárate para el módulo 7 | Escribe cuántos puntos están cubiertos. Luego escribe las ecuaciones correspondientes. |

a. **9** puntos en total

☐ + ☐ = ☐

☐ − ☐ = ☐

b. **6** puntos en total

☐ + ☐ = ☐

☐ − ☐ = ☐

c. **8** puntos en total

☐ + ☐ = ☐

☐ − ☐ = ☐

6.9 Suma: Números de dos dígitos (composición de decenas y centenas)

Conoce

Daniel compra un boleto para adultos y uno para niños.

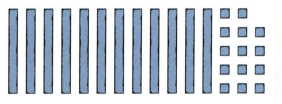

¿Crees que él pagará más de o menos de $150? ¿Cómo lo decidiste?

Eva dibujó imágenes como ayuda.

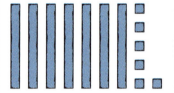

¿Qué puedes decir acerca del número total de decenas y unidades?

¿Qué reagrupación podrías hacer como ayuda para calcular el total?

¿Podrías calcular el total sin reagrupar? ¿Cómo?

Intensifica

1. Suma los bloques de decenas y luego los bloques de unidades. Escribe las ecuaciones correspondientes.

a. 65   57   ☐ + ☐ = ☐

b. 45   76   ☐ + ☐ = ☐

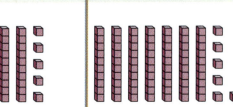

2. Completa cada ecuación. Indica tu razonamiento.

a. $89 + 34 =$ _____

b. $27 + 86 =$ _____

3. Completa cada ecuación. Puedes utilizar bloques o hacer anotaciones en la página 232 como ayuda.

a. $85 + 37 =$ _____

b. $59 + 59 =$ _____

c. $43 + 88 =$ _____

4. Resuelve cada problema. Indica tu razonamiento.

a. Carmen hace un collar con 83 cuentas rojas y 17 cuentas azules. ¿Cuántas cuentas utilizó ella en total?

_____ cuentas

b. Harvey tiene 69 autos de juguete y su hermano tiene 49 autos de juguete. ¿Cuántos autos de juguete tienen ellos en total?

_____ autos de juguete

Avanza

Escribe los dígitos que faltan para completar ecuaciones verdaderas.

a. Hay 12 decenas y 8 unidades.

5☐ + ☐3 = ☐☐8

b. Hay 14 decenas y 17 unidades.

7☐ + ☐9 = ☐☐7

6.10 Datos: Introduciendo los pictogramas

Conoce Camila pidió a algunos estudiantes que votaran por su tipo de película favorita. Ella indicó los resultados en este pictograma.

Películas favoritas — 🍿 significa 1 voto

Tipo de película	Número de votos
Comedia	🍿🍿🍿🍿🍿🍿🍿🍿🍿🍿🍿🍿
Terror	🍿🍿
Caricaturas	🍿🍿🍿🍿🍿🍿🍿🍿🍿
Acción	🍿🍿🍿🍿🍿

¿Cuántos estudiantes votaron por cada tipo de película?

¿Qué tipos de películas son más populares que las de acción?

¿Cuántos estudiantes más votaron por comedias que por películas de terror?

¿Cuántos estudiantes más votaron por películas de acción que por caricaturas?

¿Cuántos estudiantes votaron en total?

Intensifica

1. Tu profesor ayudará a tu clase a votar por su tipo de película favorita. Registra los resultados en esta tabla de conteo.

Tipo de película	Conteo	Total
Comedia		
Caricaturas		
Acción		

222 — ORIGO Stepping Stones • 2.º grado • 6.10

2. a. Dibuja 🍿 para crear un pictograma que indique tus resultados.

Películas favoritas 🍿 significa 1 voto

Tipo de película											
Comedia											
Caricaturas											
Acción											

Número de votos

3. Utiliza tus resultados para responder cada pregunta.

a. ¿Cuál es el tipo de película menos popular? _____

b. ¿Cuántos estudiantes votaron por comedia y acción? _____

c. ¿Cuántos estudiantes votaron en total? _____

d. ¿Cuál es la diferencia entre número de votos de películas de acción y caricaturas? _____

Avanza — Lee cada una de las pistas. Luego dibuja 🍿 para completar el pictograma.

Pista 1 6 estudiantes votaron por caricaturas.
Pista 2 2 estudiantes más votaron por comedia que por caricaturas.
Pista 3 16 estudiantes votaron en total.

Películas favoritas 🍿 significa 1 voto

Tipo de película											
Acción											
Caricaturas											
Comedia											

Número de votos

6.10 Reforzando conceptos y destrezas

Práctica de cálculo   ¿Qué puedes ver a veces en el cielo por las noches?

★ Escribe todos los totales.

★ Luego colorea todas las partes que indican cada total en el rompecabezas de abajo.

27 + 12 = ___	11 + 22 = ___	31 + 11 = ___
35 + 11 = ___	24 + 12 = ___	17 + 12 = ___
19 + 22 = ___	18 + 20 = ___	29 + 11 = ___
13 + 21 = ___	39 + 11 = ___	25 + 22 = ___

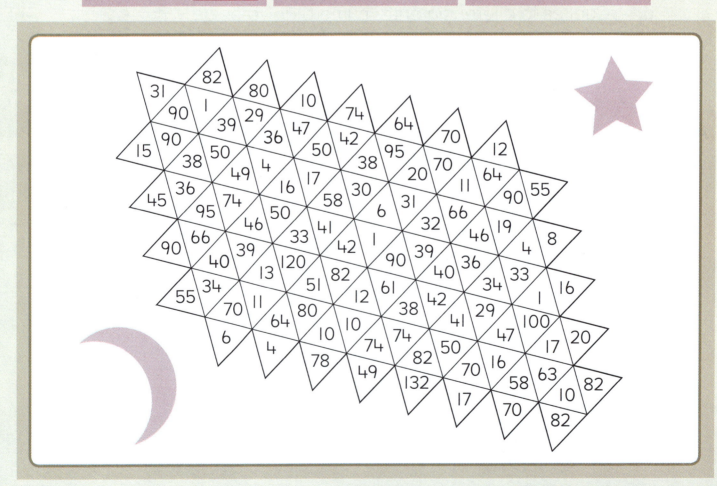

224

Práctica continua

1. Resuelve cada problema. Indica tu razonamiento.

a. 15 niños están jugando en el parque. 6 están en el tobogán y el resto están jugando pelota. ¿Cuántos niños están jugando pelota?

_____ niños

b. Papá horneó 12 *muffins* de frutas. Él llevó 8 al trabajo. ¿Cuántos *muffins* dejó en casa?

_____ muffins

2. Completa la ecuación. Indica tu razonamiento.

$67 + 51 = \boxed{}$

Prepárate para el módulo 7

Escribe cada respuesta. Dibuja saltos arriba de la cinta numerada para indicar tu razonamiento. Haz tu primer salto hasta el 10.

a. $12 - 9 = \boxed{}$

| 1 | 2 | 3 | 4 | 5 | 6 | 7 | 8 | 9 | 10 | 11 | 12 | 13 | 14 | 15 |

b. $15 - 6 = \boxed{}$

| 1 | 2 | 3 | 4 | 5 | 6 | 7 | 8 | 9 | 10 | 11 | 12 | 13 | 14 | 15 |

6.11 Datos: Introduciendo las gráficas de barras horizontales

Conoce Observa esta gráfica.

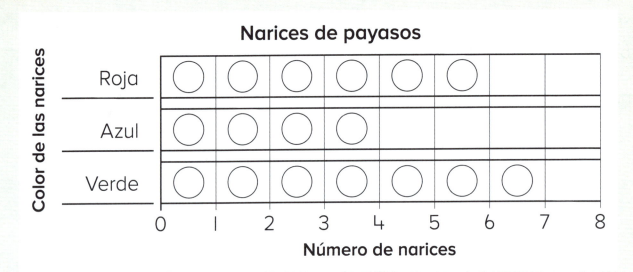

¿Cuántas narices de payaso hay en cada color?

¿Cómo puedes calcular el número de las diferentes narices de payaso sin contarlas?

¿Cuántas narices rojas más que azules hay? ¿Cómo lo sabes?
¿Cuántas narices azules menos que verdes hay?

No necesitas dibujar narices de payaso. Podrías solo colorear los espacios junto al nombre de cada color.

Intensifica

1. Utiliza colores para indicar las pelotas que son iguales.

2. Colorea esta gráfica para indicar el número de cada tipo de pelota en la pregunta 1.

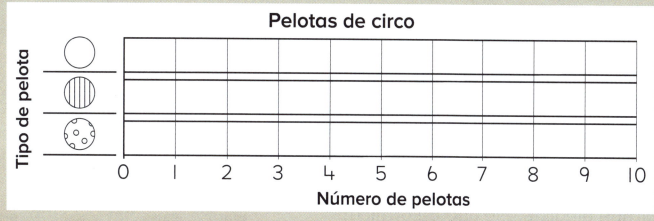

3. Utiliza la gráfica de arriba para responder estas preguntas.

a. ¿Cuántas pelotas de puntos hay?

b. ¿Cuántas pelotas de puntos más que de rayas hay?

c. ¿Cuántas pelotas de rayas menos que lisas hay?

d. ¿Cuántas pelotas hay en total?

Avanza Lee cada pista. Luego escribe **roja**, **azul** o **verde** para completar la gráfica.

Pista 1 El número menor de payasos usó narices azules.
Pista 2 Más payasos usaron narices verdes que rojas.

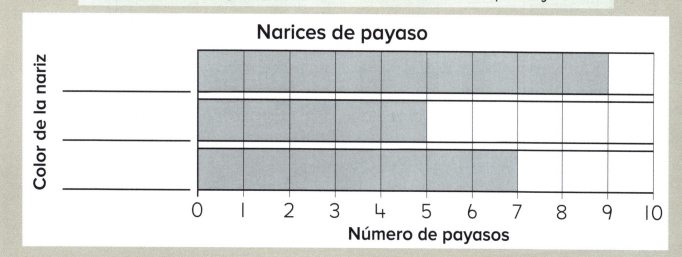

6.12 Datos: Introduciendo las gráficas de barras verticales

Conoce

Observa estas plantas con flores.

¿Cómo describirías la altura de cada planta?

¿Qué tipo de gráfica podrías utilizar para comparar las alturas?

¿Por qué elegiste ese tipo de gráfica?

¿En dónde escribirías los números que indican la altura de cada planta?

Girasol   Narciso   Margarita

Intensifica

1. Escribe la altura de cada planta.

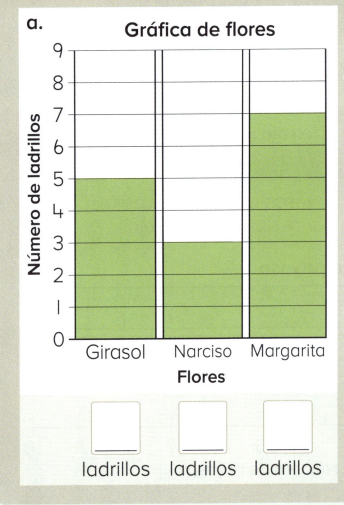

a.

ladrillos   ladrillos   ladrillos

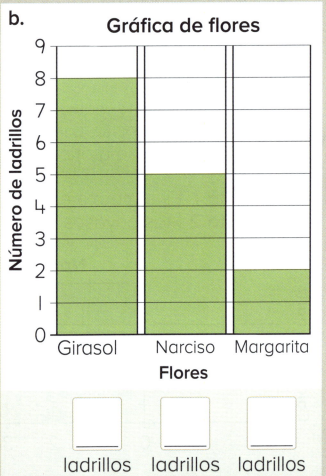

b.

ladrillos   ladrillos   ladrillos

2. Colorea la gráfica de barras de manera que corresponda a las alturas de las plantas.

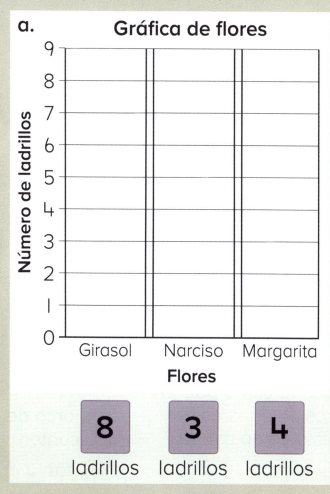

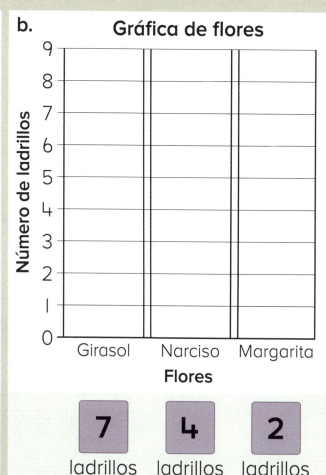

Avanza

Colorea esta gráfica de barras de manera que corresponda a la pista. Luego escribe los números.

Pista

La caléndula es más baja que la rosa pero más alta que la violeta.

6.12 Reforzando conceptos y destrezas

Piensa y resuelve

La imagen de abajo a la izquierda es una L mágica. El total de los números en cada línea recta es el mismo. El total mágico es 14.

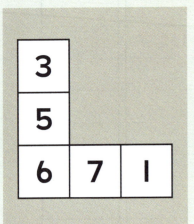

Utiliza estos números para hacer una L mágica con un total mágico de 20.

2   4   6
8   10

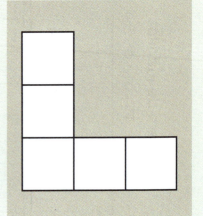

Palabras en acción

Escribe acerca de cómo podrías averiguar el tipo de fruta más popular en tu clase. Describe cómo podrías registrar los datos. Puedes utilizar palabras de la lista como ayuda.

datos
pictograma
marca de conteo
tabla
popular
voto

Práctica continua

1. El 🟣 indica el total. Los 🟦 indican las partes. Escribe la parte que falta y la familia de operaciones básicas.

a. 11 = ☐ + 6

☐ + ☐ = ☐   ☐ − ☐ = ☐
☐ + ☐ = ☐   ☐ − ☐ = ☐

b. 13 = ☐ + 5

☐ + ☐ = ☐   ☐ − ☐ = ☐
☐ + ☐ = ☐   ☐ − ☐ = ☐

2. Colorea la gráfica de abajo para indicar el número de cada tipo de pelota.

Pelotas deportivas

Tipo de pelota / Número de pelotas (0–10)

Prepárate para el módulo 7

Dibuja dos hexágonos diferentes.

Espacio de trabajo

GLOSARIO DEL ESTUDIANTE

Capacidad

La **capacidad** es la cantidad que un recipiente puede contener. Por ejemplo, una taza **contiene menos** que una botella de jugo.

Un **litro** es una unidad de capacidad.

Una **pinta** es una unidad de capacidad.

Un **cuarto** (de galón) es una unidad de capacidad.

Estrategias de cálculo mental para la resta

Estas son estrategias que puedes utilizar para calcular un problema matemático mentalmente.

Contar hacia atrás   *Ves* 9 – 2   *piensa* 9 – 1 – 1
               Ves 26 – 20 *piensa* 26 – 10 – 10

Pensar en suma   *Ves* 17 – 9   *piensa* 9 + 8 = 17 entonces 17 – 9 = 8

Estrategias de cálculo mental para la suma

Estas son estrategias que puedes utilizar para calcular un problema matemático mentalmente.

Contar hacia delante   *Ves* 3 + 8   *piensa* 8 + 1 + 1 + 1
                Ves 58 + 24 *piensa* 58 + 10 + 10 + 4

Dobles   *Ves* 7 + 7   *piensa* doble 7
     Ves 25 + 26 *piensa* doble 25 más 1 más
     Ves 35 + 37 *piensa* doble 35 más 2 más

Hacer diez   *Ves* 9 + 4   *piensa* 9 + 1 + 3
         Ves 38 + 14 *piensa* 38 + 2 + 12

Valor posicional   *Ves* 32 + 27 *piensa* 32 + 20 + 7

Familia de operaciones básicas

Una **familia de operaciones básicas** incluye una operación básica de suma, su operación conmutativa y dos operaciones básicas de resta relacionadas.

4 + 2 = 6
2 + 4 = 6
6 – 4 = 2
6 – 2 = 4

GLOSARIO DEL ESTUDIANTE

Fracción común

Las **fracciones comunes** describen partes iguales de un entero.

un medio

un cuarto

Gráfica

Diferentes tipos de **gráficas** pueden indicar datos.

Gráfica de barras verticales

Gráfica de puntos

Gráfica de barras horizontales

Pictograma

Longitud

La **longitud** indica qué tan largo es algo.

Un **centímetro** es una unidad de longitud. La manera corta de escribir centímetro es **cm**.

Un **pie** es una unidad de longitud. Hay 3 pies en una yarda. La manera corta de escribir pie es **ft** (del inglés *foot*).

Una **pulgada** es una unidad de longitud. Hay 12 pulgadas en un pie. La manera corta de escribir pulgada es **in** (del inglés *inch*).

Un **metro** es una unidad de longitud. La manera corta de escribir metro es **m**.

Una **yarda** es una unidad de longitud. La manera corta de escribir yarda es **yd**.

GLOSARIO DEL ESTUDIANTE

Masa

Masa es la cantidad de peso de algo.
Por ejemplo, un gato **pesa más** que un ratón.

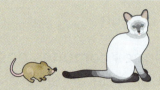

Un **kilogramo** es una unidad de masa. La manera corta de escribir kilogramo es **kg**.

Una **libra** es una unidad de masa. La manera corta de escribir libra es **lb**.

Multiplicación

La **multiplicación** se utiliza para encontrar el número total de objetos en una matriz, o en un número de grupos iguales.

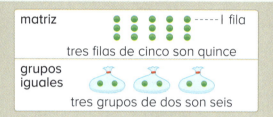

Números pares e impares

Los **números pares** son números enteros con un 0, 2, 4, 6 o un 8 en la posición de las unidades. Los **números impares** son números enteros con un 1, 3, 5, 7 o un 9 en las posición de las unidades.

Objeto 3D (tridimensional)

Un **objeto 3D** tiene superficies planas (ej., un cubo), superficies curvas (ej., una esfera) o superficies planas y curvas (ej., un cilindro o un cono).

Un **poliedro** es cualquier objeto 3D cerrado con cuatro o más caras planas.

Una **pirámide** es un poliedro que tiene cualquier polígono como su base. Todas las otras caras unidas a la base son triángulos que se unen en un punto.

Operación conmutativa básica

Cada operación básica de suma tiene una **operación conmutativa básica**.
Por ejemplo: 2 + 7 = 9 y 7 + 2 = 9

Operaciones numéricas básicas

Las **operaciones básicas de suma** son ecuaciones en las que se suman dos números de un solo dígito.
Por ejemplo: 2 + 3 = 5 o 3 = 1 + 2

Las **operaciones básicas de resta** son todas las ecuaciones de resta que se relacionan con las operaciones básicas de suma de arriba.
Por ejemplo: 5 − 2 = 3 o 3 − 2 = 1

GLOSARIO DEL ESTUDIANTE

Polígono

Un **polígono** es cualquier figura 2D cerrada que tiene tres o más lados rectos. (ej., triángulo, cuadrilátero, pentágono y hexágono).

Recta numérica

Una **recta numérica** indica la posición de un número. La recta numérica se puede utilizar para indicar suma o resta.

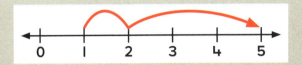

Resta

Restar es encontrar una parte cuando se conoce el total y una parte.

Total − **Parte** = **Parte**
5 − 2 = 3
Parte + __ = **Total**
2 + __ = 5

Suma

Sumar es encontrar el total cuando se conocen dos o más partes. **Suma** es otra palabra para total.

Parte + **Parte** = **Total**
2 + 3 = 5

Tabla de cien

Una **tabla de cien** hace más fácil ver los patrones de los números de dos dígitos.

ÍNDICE DEL PROFESOR

Cinta numerada
    Anotación de estrategias mentales 23, 33, 87, 122, 123, 163, 213, 225, 249
    Posición 11, 44–6, 49

Comparación
    Capacidad 35, 41, 464–7
    Hora 154, 266
    Longitud 65, 105, 130, 140, 141, 153, 181, 187, 311, 316, 347, 350, 351, 380, 385, 387
    Masa 73, 79, 92, 425, 430, 458, 459, 461, 463
    Número
        Números de dos dígitos 12, 13, 17, 23, 28, 47, 56, 57, 61, 67
        Números de tres dígitos 96, 97, 100–4, 137
    Objetos 3D 117, 369, 375

Datos
    Gráfica de barras 226–9, 231, 279, 350, 355
    Interpretación 187, 222, 223, 226–9, 273, 279, 351–3, 355, 393
    Gráfica de puntos 352, 353, 393
    Pictograma 193, 222, 223, 273
    Tabla de conteo 193
    Gráficas de sí/no 187

Dinero
    Centavos 387, 393, 422, 423, 425–9, 463, 469
    Dólares 418, 422, 423, 425–9, 431, 469
    Problemas verbales 429, 430
    Transacciones 393, 418, 426, 427, 431

División
    Lenguaje 434–7
    Modelos
        Grupos iguales (modelo cuotitivo) 436, 437, 444, 445
        Repartición (modelo partitivo) 434, 435, 439

Estimación
    Capacidad 466, 467
    Longitud 138, 139, 144, 145, 150–2
    Masa 458–60
    Resta 294, 295, 299
    Suma 208, 209, 261

Familia de operaciones básicas
    Suma y resta 132, 133, 137, 155, 191, 193, 231

Figura
    Objetos tridimensionales
        Atributos 111, 410, 411, 414–7, 419, 451, 457
        Comparación 117, 369, 375
        Dibujo 420, 421
        Lenguaje 416
    Figuras bidimensionales
        Área 452–6
        Atributos 268–71, 273–7, 305, 317, 381, 401, 407
        Composición 275, 279
        Dibujo 231, 275–7, 279, 311, 317, 381, 407
        Lenguaje 268, 270, 274, 276, 277, 317

Fracciones
    Fracciones comunes
        Conceptos 442, 446, 448, 456
        Lenguaje 440
        Modelos
            Área 155, 407, 413, 419, 441–3, 446–9, 451, 457
            Longitudinal 149, 401, 447–9, 457
        Fracciones unitarias 149, 155, 401, 407, 413, 419, 440–3, 446–9, 451

Medición
    Área
        Figuras regulares 452–6
        Unidades cuadradas 452–6
    Capacidad
        Comparación 35, 41, 464–7
        Estimación 466, 467
        Unidades formales
            Cuartos de galón 464, 465, 469
            Litros 466, 467
            Pintas 464, 465, 469
            Tazas 464, 469
        Lenguaje 464
        Unidades informales 35, 41, 431
    Longitud
        Comparación 66, 105, 130, 140, 141, 181, 187, 311, 316, 347, 380, 385, 387
        Datos 350, 352, 353, 355
        Estimación 138, 139, 144, 145, 150–2, 346, 347
        Lenguaje 140, 152, 346, 350, 351

ÍNDICE DEL PROFESOR

Medición (continuación)
    Unidades formales
        Centímetros 344–7, 349, 352, 353, 380, 381, 385, 387
        Metros 350, 351, 355
        Pies 144–7, 149, 152, 153, 155, 175, 181, 187, 193, 311
        Pulgadas 138–41, 143, 146, 147 152, 153,155, 175, 181, 187, 193, 311
        Yardas 150–3, 155, 193, 317
    Unidades informales 66, 105, 111, 117, 130, 134, 135, 316, 456
    Problemas verbales 147, 153, 187
  Masa
    Comparación 73, 79, 92, 425, 430, 458, 459, 461, 463
    Estimación 458–60
    Lenguaje 458, 460
    Unidades formales
        Kilogramos 460, 461
        Libras 458, 459
    Unidades informales 73, 79, 425
  Hora
    Comparación 154, 266
    Duración 307
    Horas 29, 35, 62–5, 67–9, 73, 99, 105, 279
    Lenguaje 309, 312–4, 316
    Minutos 35, 64, 65, 68, 69, 73, 99, 105, 154, 266, 273, 279, 306–9, 311–5, 317, 349, 355
    Patrones 313
    Relojes
        Analógico 29, 35, 62–5, 67–9, 105, 273, 279, 306–9, 311–4, 317, 349, 355
        Digital 62–5, 68, 69, 73, 99, 105, 273, 279, 308, 309, 312–5, 317, 355

Multiplicación
  Lenguaje 404
  Modelos
    Grupos iguales 396–9, 401–3, 439, 445
    Matriz 404–9, 413, 463, 469
  Suma repetitiva 396, 397, 402, 403, 408, 409, 439, 445, 463

Orden
  Longitud 147
  Número
    Números de dos dígitos 12, 13, 17, 73, 18
    Números de tres dígitos 100, 101, 105

Razonamiento algebraico
  Conteo salteado
    De cinco en cinco 131, 161, 306
    De diez en diez 131, 160, 161, 363
  Igualdad 16, 92, 142, 206, 218
  Patrones
    Figura 28, 104, 192
    Números impares 14, 15, 17, 55
    Números pares 14, 15, 55
    Suma 145, 151, 160, 161
  Resta 116, 130, 207, 250, 255
  Resolución de problemas
  Problemas *Think Tank* 16, 28, 40, 54, 66, 78, 92, 104, 116, 130, 142, 154, 168, 180, 192, 206, 218, 230, 254, 266, 278, 292, 304, 316, 330, 342, 354, 368, 380, 392, 406, 418, 430, 444, 456, 468
  Problemas verbales
    Dinero 429
    Dos pasos 54, 113, 127, 129, 153, 188, 189
    Hora 313
    Longitud 153, 187
    Resta 113, 121, 128, 129, 169, 182, 183, 188, 189, 225, 264, 265, 292, 294, 295, 304
    Suma 77, 113, 117, 217, 221
  Utlizar un símbolo para lo desconocido 129, 169, 183, 184

Recta numérica
  Anotación de estrategias mentales 160, 161, 164–7, 169–73, 175–7, 201, 207, 213, 246, 247, 250–3, 256–9, 261–4, 267, 287, 293, 299, 320–3, 326, 327, 331–5, 338, 339, 343, 358–61, 363–7, 369–71, 375–9, 381–5, 388, 389, 393, 396, 397, 425, 450
  Posición 46, 47, 50–3, 55–9, 61, 87, 93–5, 99, 181, 201, 363, 419, 445

Redondeo
  Números de dos dígitos 52, 53, 93, 267

Representación de números
  Números de dos dígitos
    Composición 169, 282, 283, 287, 325
    Descomposición 282, 283
    Palabra 6–9, 17, 49
    Pictórica 8, 9, 17, 20, 21, 49
    Simbólica 6–9, 11, 17, 20, 21, 49

ÍNDICE DEL PROFESOR

Representación de números (continuación)

Números de tres dígitos
- Composición 18, 19, 23, 89, 328, 329, 337, 413
- Descomposición 330, 372, 373
- Manera expandida 90–2, 131, 457
- Palabra 24, 25, 29, 55, 88, 89, 92, 439
- Pictórica 18, 19, 24–7, 29, 49, 55, 61, 82–5, 87, 88, 92, 93, 125, 331, 439, 451
- Simbólica 24–7, 29, 49, 55, 61, 82–5, 87–9, 92, 93, 125, 331, 439, 451

Resta

Conceptos 120
Estimación 294, 295, 299
Estrategias mentales
- Contar hacia atrás 122–5, 162, 163, 207, 244–7, 249, 252, 253, 264–6, 358, 359, 363, 370, 371, 375, 382, 383, 388, 389
- Valor posicional 254, 284, 285, 288–91, 293, 296, 297, 300–3, 305, 325, 331, 337, 343, 355, 360, 361, 364–7, 369, 378, 379, 384, 385, 390, 391
- Pensar en suma
  - Contar hacia delante 93, 126–31, 142, 219, 225, 256–9, 264–6, 370, 371, 386, 388–91
  - Dobles 149, 178, 179, 181–3, 190, 191, 219
  - Hacer diez 184, 185, 187–91, 219, 249–51, 376, 377, 381
- Números de dos dígitos 17, 23, 29, 72, 124, 133, 162, 207, 244–7, 249, 250–3, 256–9, 261, 267, 284, 285, 287–91, 293–5, 299, 343, 348, 362, 386, 400, 412, 424, 450, 462
- Números de tres dígitos 262, 263, 267, 296, 297, 300–3, 305, 325, 331, 337, 349, 355, 358–61, 363–7, 369–71, 375–85, 387–93, 425, 431
- Operaciones básicas 60, 86, 87, 93, 120–3, 125–33, 137, 149, 155, 163, 169, 174, 178, 179, 181–5, 187–91, 212, 219, 225, 249, 260, 264, 265, 286, 324, 374, 412
- Operaciones básicas relacionadas 128, 155, 190, 191
- Problemas verbales 121, 129, 130, 142, 169, 182, 183, 188, 189, 225, 264, 265, 292, 294, 295, 304
- Patrones 116, 130, 207, 250, 255
- Suma relacionada 99, 126, 127, 132, 133, 137, 178, 179, 181–5, 187–91, 219

Suma

Conceptos 30
Estimación 208, 209, 261
Estrategias mentales
- Contar hacia delante 32, 33, 36, 37, 40, 41, 67, 76, 77, 112, 113, 117, 125, 132, 155, 186, 320, 321, 325
- Dobles 41, 70, 71, 74–9, 112, 113, 178, 179, 181–3, 190–92, 198–200, 206, 207, 231, 248, 249, 272, 298, 336
- Hacer diez 10, 79, 106–09, 111–13, 137, 166–8, 170, 171, 184, 185, 187–93, 231, 332, 333
- Valor posicional 143, 158, 159, 163–5, 169–71, 175, 180, 196, 197, 201–5, 213–7, 220, 221, 224, 225, 255, 322, 323, 331, 332, 334, 335, 338–43, 369, 375
- Operaciones básicas 10, 22, 30–5, 48, 60, 61, 67, 70, 71, 74–7, 79, 99, 106–15, 126, 127, 131–3, 136, 137, 148, 149, 155, 180, 182–5, 187–91, 219, 231, 324, 326, 327
- Patrones 160, 161
- Propiedades
  - Asociativa 106, 107, 210, 211, 219
  - Conmutativa 38, 39, 67, 107, 132, 133, 137, 155, 191, 231
- Números de dos dígitos 33, 75, 98, 107, 109, 125, 133, 143, 148, 158, 159, 163–7, 169–73, 175–7, 180, 186, 196–211, 213–22, 224, 225, 248, 249, 255, 261, 267, 272, 278, 293, 298, 299, 305, 310, 336, 342, 362, 363, 438
- Números de tres dígitos 102, 320–3, 325–7, 331–5, 337–41, 369, 375
- Problemas verbales 31, 41, 77, 78, 113, 117, 180, 208, 209, 217, 221

Vocabulario académico 16, 28, 40, 54, 66, 78, 92, 104, 116, 130, 142, 154, 168, 180, 192, 206, 218, 230, 254, 266, 278, 292, 304, 316, 330, 342, 354, 368, 380, 392, 406, 418, 430, 444, 456, 468